Bibliografische Information der Deutschen Nationalbibliothek:

Die Deutsche Bibliothek verzeichnet diese Publikation in der Deutschen Nationalbibliografie; detaillierte bibliografische Daten sind im Internet über http://dnb.d-nb.de/ abrufbar.

Impressum:

Druck und Bindung: Books on Demand GmbH, Norderstedt Germany
ISBN: 9783656205333

Dieses Buch bei GRIN:

https://www.grin.com/document/194936

Sabine Storm

Brüche ohne Schmerzen: Schüler entwickeln Bruchvorstellungen mit individuellen Portfolios

GRIN Verlag

Schriftliche Prüfungsarbeit zur zweiten Staatsprüfung
vorgelegt von Sabine Storm

Die Entwicklung von Bruchvorstellungen im Fach Mathematik mit Hilfe der Dokumentation von Lernwegen in einem Portfolio

Inhaltsverzeichnis

1 Einleitung

Mit dem Portfolio bin ich zum ersten Mal im Hauptseminar der Lehramtsanwärter in Berührung gekommen. Dort sollen wir während unserer Ausbildungszeit ein Portfolio erstellen. Wörtlich aus dem Italienischen übersetzt heißt Portfolio „tragbares Blatt“.[1]
„Im pädagogischen Bereich bedeutet es, dass eine Sammlung von aussagekräftigen Produkten angelegt wird, die den entsprechenden Lernprozess verdeutlichen. Eine gezielte, kriteriengebundene Auswahl bietet dann eine überschaubare und „tragbare“ Anzahl an „Blättern“.“[2]

Das Portfolio überzeugt mich, da eigene Interessen und Stärken eingebracht werden können, das Portfolio mit den Erfahrungen und mit dem Lernprozess wächst und es einen tieferen Einblick in Lernprozesse ermöglicht, als es mit standardisierten Testverfahren möglich ist. Wesentlich ist für mich hier der Gedanke, den ich bei Felix Winter lese: „Es werden Leistungsdokumente gesammelt und nicht Urteile über Schülerleistungen. (...) Leistungen der Schüler/innen werden schon in ihrem Entstehungsprozess dialogisch-reflexiv bewertet, und diese können dementsprechend verbessert werden. Im Portfolio haben besondere, größere und persönlich bedeutsame Leistungen ihren Platz. Im Portfolio erhält die Leistung der Schüler/innen ein unverwechselbares Gesicht und bewahrt den unverrechenbaren Lerngewinn.“[3]
Im Kapitel zum Portfolio werde ich diese Gedanken aufgreifen und auf mein Thema beziehen.

Die Bruchrechnung als großes Thema des Mathematikunterrichts zu Beginn der Sekundarstufe 1 ist ein abstraktes Thema. Dies beginnt bei den vielen Aspekten des Bruchbegriffs, die trotzdem im täglichen Leben nur begrenzt eine Rolle spielen. Der neue Zahlbereich der gebrochenen Zahlen öffnet sich, der die natürlichen Zahlen mit einschließt und aufs Neue ins Unendliche erweitert. Für mich ist zum Beispiel der Gedanke immer wieder faszinierend, dass zwischen jedem beliebigen Bruchzahlpaar unendlich viele weitere Brüche stehen können:
Zum Beispiel stehen zwischen $\frac{1}{1000}$ und $\frac{2}{1000}$ die Brüche $\frac{11}{10000}$; $\frac{12}{10000}$;... oder $\frac{101}{100000}$; $\frac{102}{100000}$;... und unendlich viele mehr, da der Nenner unendlich groß werden kann.

Unendlichkeit kann man mit einem endlichen Geist wohl nicht begreifen. Aber mit dem Bruchbegriff in seinen verschiedenen Aspekten kann man sich sehr wohl vertraut machen, diese im wahrsten Sinne des Wortes auch begreifen. Daher wähle ich handlungsorientierte Zugangsmöglichkeiten in der Einführung der Bruchzahlen und bin gespannt auf die individuellen Lernwege der Schülerinnen und Schüler, die sie in den Portfolios dokumentieren. Im Kapitel zu den lerntheoretischen Grundlagen zur Entwicklung von Bruchvorstellungen werde ich genauer auf den Bruchbegriff und seine Aspekte eingehen und darlegen, welche Zugänge ich aus welchen Gründen für meine Lerngruppe sinnvoll finde.

---

[1] vgl. Endres, Wolfgang (Hrsg.): Das Portfolio in der Unterrichtspraxis. Präsentations-, Lernweg- und Bewerbungsportfolio, Weinheim und Basel 2008, S. 8
[2] Endres, Wolfgang (Hrsg.): Das Portfolio in der Unterrichtspraxis. Präsentations-, Lernweg- und Bewerbungsportfolio, Weinheim und Basel 2008, S. 8
[3] Winter, Felix: Perspektiven der Portfolioarbeit für die Gestaltung des schulischen Lernens. In: Biermann, Christine, Volkwein, Karin (Hrsg.): Portfolio-Perspektiven. Schule und Unterricht mit Portfolios gestalten, Weinheim und Basel 2010, S.20f

Doch bisher ist die Verknüpfung der Entwicklung von Bruchvorstellungen und der Portfoliomethode nur eine Idee von mir und keine Praxis. Dies führt mich daher zu der Frage, die diese Examensarbeit beantworten soll:

Inwieweit eignet sich die Dokumentation von Lernwegen in einem Portfolio für die Entwicklung von Bruchvorstellungen?

Um diese Frage in verschiedenen Facetten bewerten zu können, möchte ich in dieser Arbeit untersuchen, inwieweit folgende Kriterien eingehalten werden:

- Haben die Schülerinnen und Schüler einen **Lernzuwachs**?
- Brüche nur in *einer* Darstellungsform zu erkennen und zu verwenden ist zu beschränkt, um Bruchvorstellungen entwickeln zu können. Daher möchte ich wissen: Erkennen und verwenden die Schülerinnen und Schüler unterschiedliche **Darstellungsformen** für Brüche?
- Können die Schülerinnen und Schüler selbständig ihr Portfolio führen und **Verantwortung** für ihr Lernen übernehmen? Damit hängt die Frage zusammen, inwieweit sie gewillt sind, sich auf die Unterrichtsinhalte und –methoden einzulassen, also die **Motivation** der Schülerinnen und Schüler.
- Eine Bruchvorstellung muss jeder Schülers selbst entwickeln. Daher ist mir die Frage wichtig: Können die Schülerinnen und Schüler mit dem Portfolio **individualisiert** arbeiten?
- Um ihren Lernzuwachs zu Bruchvorstellungen dauerhaft zu verankern, sollen sich die Schülerinnen und Schüler mit ihren Lernwegen auseinandersetzen. Dies führt mich zu der Frage: Wie **reflektieren** sie ihre Arbeit?

Dazu werde ich nach der Darlegung theoretischer Grundlagen zum Portfolio und zum Bruchbegriff die Planung und Durchführung einer Unterrichtseinheit „Darstellen von Brüchen“ vorstellen, ihre Bezüge zu diesen Kriterien deutlich machen und die Ergebnisse vorstellen und auswerten.

2 Das Portfolio

In diesem Kapitel möchte ich zeigen, woher der Portfoliobegriff kommt, welche Definition ich zweckmäßig finde und wie die Arbeit am Portfolio in der Regel abläuft. Außerdem gehe ich auf die kontrovers diskutierte Frage der Bewertung von Portfolios ein und begründe meine Ansicht.

2.1 Der Portfoliobegriff

In Deutschland ist der Begriff Portfolio im Bildungsbereich noch relativ neu. In anderen Bereichen spielt der Begriff schon länger eine Rolle, so z.B. als Aktienportefeuille oder als Sammelmappe für künstlerische Arbeiten. Der Begriff Portfolio im Bildungsbereich wird erstmals 1974 nachgewiesen und seit den späten 1980er-Jahren in den USA verstärkt verwendet. Er gilt als alternative Methode zur Leistungsbeurteilung und als Gegenmittel zur übertriebenen Testorientierung. Seit Beginn der 1990er

Jahre findet das Portfoliokonzept Eingang in den deutschen Sprachraum und seit Beginn der 2000er Jahre steigt die Zahl der Publikationen zum Portfolio rasant an.[4]
Rund um den Begriff Portfolio gibt es viele Wortverbindungen, die häufig unsystematisch gebraucht werden, wie zum Beispiel Entwicklungsportfolio, Präsentationsportfolio, Bewerbungsportfolio, showcase portfolio, Sprachenportfolio, digitales Portfolio... leider verwendet fast jede Autorin und fast jeder Autor eigene Begriffe. Dazu bemerkt Bohl:„Bisher konnte keine einheitliche Definition oder Merkmalliste von Portfolios erstellt werden. Die Ansätze variieren je nach Autorin oder Autor.“[5]

Doch trotz aller Begrifflichkeiten rund um das Portfolio kristallisieren sich in der Literatur[6] mehrere Punkte zur Definition eines Portfolios heraus, von denen ich nach intensiver Auseinandersetzung diese drei als wesentlich erachte:

1. Ein Portfolio ist eine Sammlung von selbst erstellten Arbeiten.
2. Der Urheber eines Portfolios beteiligt sich an der Auswahl der Inhalte.
3. Das Portfolio enthält reflexive Gedanken zur Auswahl der Einträge und zur Einschätzung ihrer Qualität.

Zum breiten Spektrum der Portfoliobegriffe und -typen meint Thomas Häcker: „Wenn auch die große Vielfalt der Begriffe für die derzeitige Phase der Portfoliorezeption charakteristisch ist, setzt eine Verständigung über Portfolios und deren spezifische Leistungen und Grenzen die Möglichkeit voraus, verschiedene Portfolioarten in verschiedenen Dimensionen unterscheiden zu können.“[7]
Diese Dimensionen sind ihm zufolge Zweck, Inhalte und Entscheidungen. Mir erscheinen diese drei Dimensionen sehr hilfreich, daher möchte ich sie mit eigenen Fragen füllen. Siehe dazu Kapitel 4.3.1 „Die Arbeit am Portfolio“.

2.2 Das Portfolio im Berliner Rahmenlehrplan

Das Portfolio dokumentiert individuelle Leistungen und ist zugleich eine individuelle Leistung. Es erfordert eine Unterrichtsorganisation, die den Schülerinnen und Schülern Freiraum gibt für eigene Entscheidungen, ein eigenes Tempo und eigene Ziele. Damit ist das Portfolio eine Methode zur inneren Differenzierung bzw. Individualisierung, deren Notwendigkeit im Rahmenlehrplan des Landes Berlin folgendermaßen begründet wird: „Die Grundschule ist verpflichtet, die Schülerinnen und Schü-

[4] vgl. Brunner, Ilse; Häcker, Thomas; Winter, Felix (Hrsg.): Das Handbuch Portfolioarbeit. Konzepte, Anregungen, Erfahrungen aus Schule und Lehrerbildung, Velber 2006, S.27ff
[5] Bohl, Thorsten: Prüfen und Bewerten im Offenen Unterricht, Weinheim und Basel 2004, S. 147
[6] - vgl. Endres, Wolfgang (Hrsg.): Das Portfolio in der Unterrichtspraxis. Präsentations-, Lernweg- und Bewerbungsportfolio, Weinheim und Basel 2008, S. 8f;
- vgl. Häcker, Thomas: Vielfalt der Portfoliobegriffe, in: Brunner, Ilse; Häcker, Thomas; Winter, Felix (Hrsg.): Das Handbuch Portfolioarbeit. Konzepte, Anregungen, Erfahrungen aus Schule und Lehrerbildung, Velber 2006, S.33ff
- vgl. Winter, Felix: Perspektiven der Portfolioarbeit für die Gestaltung des schulischen Lernens, in: In: Biermann, Christine, Volkwein, Karin (Hrsg.): Portfolio-Perspektiven. Schule und Unterricht mit Portfolios gestalten, Weinheim und Basel 2010, S.11
- vgl. Gubler-Beck, Annemarie: Portfolios im Mathematikunterricht, in: Beiträge zum Mathematikunterricht, Hildesheim und Berlin 2005
[7] Brunner, Ilse; Häcker, Thomas; Winter, Felix (Hrsg.): Das Handbuch Portfolioarbeit. Konzepte, Anregungen, Erfahrungen aus Schule und Lehrerbildung, Velber 2006, S.37

ler so zu fordern und zu fördern, dass sie die in den Standards genannten Kompetenzen erreichen können. Dies ist in der Regel nur durch Formen der inneren Differenzierung bzw. Individualisierung zu verwirklichen.“[8]

Das Portfolio findet auch direkt Erwähnung im Rahmenlehrplan: „Um mit der Leistungsermittlung und –bewertung alle dem Rahmenlehrplan zugrunde liegenden Kompetenzen zu erfassen und den Schülerinnen und Schülern die Selbstbewertung zu ermöglichen, sind traditionelle Formen wie mündliche und schriftliche Kontrollen um weitere Instrumente zu ergänzen. Hierzu gehören z.B. Beobachtungsbogen, Lern-Begleithefte und Lern-Tagebücher, Interviews und Fragebogen, Sammelmappen und Portfolios, in denen jede Schülerin und jeder Schüler ihr bzw. sein Lernen reflektiert und die Lernfortschritte beurteilt.“[9]

Eben diese Beurteilung von Lernfortschritten und Reflexion des Lernens durch die Schülerinnen und Schüler selbst möchte ich in der Unterrichtseinheit „Darstellen von Brüchen“ durch die Arbeit mit dem Portfolio erreichen. Im folgenden Kapitel „Portfolioarbeit im Unterricht“ zeige ich daher die Phasen, in denen das Portfolio bearbeitet wird und stelle damit ein individualisierendes und reflektierendes Unterrichtskonzept näher vor.

2.3 Portfolioarbeit im Unterricht

Portfolios sind Leistungen, die die Kinder weitgehend selbständig erbringen. Trotzdem müssen sie angeleitet werden, um die Methode Portfolio kennen zu lernen, ihr Portfolio anzulegen und zu füllen. Auch die Reflexionsphasen bedürfen im Alter der Schülerinnen und Schüler einer gewissen Anleitung, dies leitet sich ab aus ihrer Entwicklungsstufe, wie ich im Kapitel 3.1 „Entwicklungspsychologische Grundlagen“ noch darlegen werde.

2.3.1 Einbettung des Portfolios in den Unterricht

„Portfolios können parallel neben dem Unterricht angelegt werden oder in ihn integriert sein. Im ersten Fall stehen sie immer etwas in der Gefahr, schlecht angeleitet und nicht richtig wahrgenommen zu sein.“[10] Aus diesem Grund möchte ich darlegen, welche Möglichkeiten der Integration der Arbeit am Portfolio in den Unterricht es gibt.

---

[8] Rahmenlehrplan Grundschule Mathematik, Berlin 2004, S. 10
[9] Rahmenlehrplan Grundschule Mathematik, Berlin 2004, S. 14
[10] Inglin, Oswald auf www.portfolio-schule.de, abgerufen am 18.4.2011

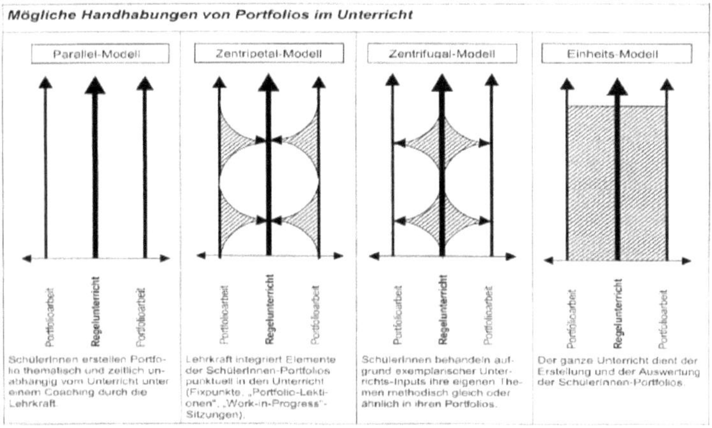

[11]

Da die Methode „Portfolio" sowohl für mich als auch für meine Schüler neu ist, beziehe ich mich in der Umsetzung auf das Einheits-Modell- Es vereint Zentripetal- und Zentrifugal-Modell und macht es möglich, auf der einen Seite exemplarische Unterrichts-Inputs wie Arbeitsblätter, Vorlagen für Aufgabentypen u.Ä. zu geben, die die Schülerinnen methodisch gleich oder ähnlich in ihren Portfolios behandeln. Auf der anderen Seite kann ich als Lehrkraft bereits erstellte Elemente der Portfolios aufgreifen und in den Unterricht einfließen lassen, wie zum Beispiel besonders gelungene Beiträge oder Missverständnisse (letztere natürlich ohne Namensnennung). Gerade weil meine Schülerinnen und Schüler wie auch ich als Lehrkraft noch keine Erfahrungen mit Portfolios im Unterricht haben, wird die Unterrichtseinheit beidseitig geprägt sein von „learning-by-doing" mit Korrekturen und Neuausrichtungen der laufenden Arbeit.
Damit entsteht eine Wechselwirkung aus Unterricht und Portfolio-Erstellung, wie ich sie mir wünsche und sinnvoll finde, damit einerseits die Schülerinnen und Schüler Anregungen aus neuen Inputs finden, aber auch Anregungen aus den bereits erstellten Portfolio-Einträgen ihrer Mitschülerinnen und Mitschüler übernehmen können.

In der Literatur finden sich vereinzelt Beispiele zur Unterrichtsgestaltung mit Portfolios. Dabei überwiegen allerdings eindeutig die Sprachenfächer. In der Mathematikdidaktik ist dagegen die Portfolioarbeit noch neu und wenig verbreitet. Buchpublikationen zur expliziten Verbindung von Mathematikunterricht und Portfolioarbeit konnte ich im deutschsprachigen Raum nicht finden, ebenso keine Beiträge in Anthologien und nur wenige Artikel in Fachzeitschriften.

2.3.2 Voraussetzungen für die Portfolioarbeit

Zur Voraussetzung für die Arbeit mit Portfolios im Unterricht gehören Kompetenzen auf Seiten der Schülerinnen und Schüler sowie auf Seiten der Lehrkraft.

[11] Inglin, Oswald auf www.portfolio-schule.de, abgerufen am 18.4.2011

Die **Schülerinnen und Schüler** müssen über grundlegende Fähigkeiten wie Lesen und Schreiben sicher verfügen, um sich selbständig mit den Inhalten auseinandersetzen zu können. Sie sollen willens und in der Lage sein, sich individuell mit dem Lehrstoff zu beschäftigen.
Natürlich variiert das Arbeitsniveau und der Grad der Eigenverantwortlichkeit innerhalb der Lerngruppe. Daher werde ich immer wieder selbstdifferenzierende Aufgaben und andere Formen der Differenzierung wie Lernbuffet und Stationenlernen einsetzen. Verantwortung für den Lernprozess wird damit immer wieder Stück für Stück an die Schülerinnen und Schüler übergeben; die Einschätzung der eigenen Arbeit kann durch das jederzeit vorliegende Kriterienraster erfolgen. Welche Voraussetzungen meine Lerngruppe aufweist, werde ich in Kapitel 4.2 „Lernstand der Schülerinnen und Schüler" darlegen.

Die **Kompetenzen der Lehrkräfte** sind bei der Portfolio-Arbeit besonders gefordert. Sie müssen den Überblick behalten, welche Schüler mit den Anforderungen zurecht kommen, unter- oder überfordert sind. Die Lehrkräfte sind dafür verantwortlich, den gesamten Prozess der Erstellung von Portfolios zu planen, zu steuern und zum Abschluss zu führen. Die Hauptaufgabe der Lehrkraft sieht Endres „in der planerischen Vorarbeit und Gestaltung der Portfolioeinheit wie die thematische Einbindung ins Kerncurriculum (...)."[12]
Aus diesen Anforderungen schließe ich, dass die Rolle der Lehrkraft *während der Durchführung* die des Beobachters und Beraters der Schülerinnen und Schüler ist.
Schmidinger listet weitere Kompetenzen auf und zeigt damit die Dimensionen auf, die die Arbeit mit dem Portfolio hat: „Die Integration der Portfolioarbeit in den eigenen Unterricht, wie oben gezeigt, erfordert von den LehrerInnen Kompetenzen, die noch nicht selbstverständlich sind:

- die Organisation von möglichst selbst bestimmten individuellen Lernprozessen
- die vorgängige Vereinbarung von Zielen, auf die sich alle im Lernprozess beziehen
- die Entwicklung vielfältiger, komplexer und alltagsnaher Aufgaben, die sich auf verschiedenen Niveaus bearbeiten lassen
- die Gestaltung von Portfoliogesprächen und das Schreiben von Kommentaren und vieles mehr"[13]

Schmidinger bemerkt einschränkend zu dieser Menge an Anforderungen: „Die Planung und Gestaltung der Portfolioarbeit im eigenen Unterricht stellt die LehrerInnen noch vor besondere Herausforderungen. Dies zeigte sich in allen vorliegenden Evaluationsstudien."[14]
Wie ich versuche, diese Anforderungen zu bewältigen, lege ich im Kapitel 4 „Planung und Durchführung der Unterrichtseinheit ‚Darstellen von Brüchen'" dar.

2.3.3 Phasen der Portfolioarbeit

In der Literatur[15] findet man verschiedene Modelle und Bezeichnungen für die Abläufe während der Arbeit am Portfolio. Gemeinsam ist den Modellen, dass sich die Phasen gegenseitig durchdringen.

[12] Endres, Wolfgang (Hrsg.): Das Portfolio in der Unterrichtspraxis. Präsentations-, Lernweg- und Bewerbungsportfolio, Weinheim und Basel 2008, S.14
[13] Schmidinger, Elfriede: Das Portfoliokonzept im Unterricht.Eine Einführung in den Themenschwerpunkt, in: Erziehung und Unterricht, 5-6/ 2007, S. 368f
[14] ebenda

Um die Durchdringung der Phasen darzustellen, wähle ich die Form der sich überschneidenden Kreise. Unter der von mir gewählten Bezeichnung der Phase nenne ich die Haupttätigkeit der Schülerinnen und Schüler in dieser Phase.
Insbesondere die drei mittleren Phasen der Erarbeitung, Sichtung und Reflexion verschränken sich zeitlich, wenn an verschiedenen Beiträgen zum Portfolio gearbeitet wird.

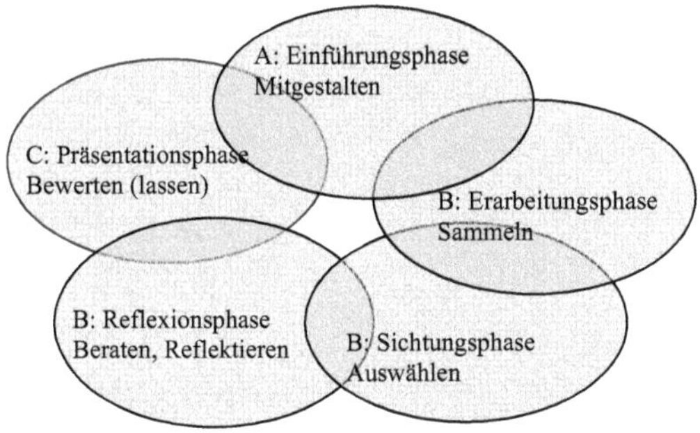

Einführungsphase: Mitgestalten
Den Schülerinnen und Schülern wird anhand eines Beispiels gezeigt, wie ein Portfolio aussehen kann. Die zu behandelnden Inhalte (in der Regel aus dem Rahmenlehrplan) werden den Schülerinnen und Schülern vorgestellt, denn dies versetzt sie in die Lage, sich in der Diskussion über die Arbeitsweise im Portfolio einzubringen.
Praktische Fragen zur Aufbewahrung, Gestaltung, Umgang mit dem Portfolio sollten anschließend gemeinsam geklärt werden. Die Kriterien zur Bewertung des Portfolios werden gleich zu Beginn transparent gemacht, damit die Schülerinnen und Schüler wissen, was auf sie zukommt. Anregungen der Schülerinnen und Schüler werden aufgegriffen, Fragen werden geklärt.

Erarbeitungsphase: Sammeln
Der neue Stoff wird in der Klasse erarbeitet, sei es durch Freiarbeit, Frontalunterricht, Referate oder Partner- und Gruppenarbeit. Währenddessen erstellen die Kinder wie immer Hefteinträge, füllen Arbeitsblätter aus, leisten Wortbeiträge, beantworten Fragen, schneiden, basteln, legen aus Material, kurzum: sie produzieren. Diese Produkte werden zunächst gesammelt.
Da in der Regel Wortbeiträge oder aus Material Gelegtes nicht gesammelt werden können, kommen Hefteinträge zu eigenen Wortbeiträgen und der Fotoapparat zur Dokumentation als Beiträge hinzu.

Sichtungsphase: Auswählen
Die Schülerinnen und Schüler haben das Kriterienraster vorliegen. Ihre eigene Entscheidung ist es, welche ihrer Produkte es wert sind, in das Portfolio aufgenommen zu werden. Sie sollen die geforderte Bandbreite abdecken und qualitativ möglichst hochwertig sein. In diesem Prozess des Auswählens

[15] zu folgendem Abschnitt vgl. Werner, Gunther: Faire Noten mit Portfolioarbeit, Lichtenau 2006, S. 31; Bartnitzky, Jens; Freitag, Heike u.a.: Handreichung Mein Lernordner Portfolio für die Grundschule, Braunschweig 2006, S. 6ff;
Endres, Wolfgang (Hrsg.): Das Portfolio in der Unterrichtspraxis. Präsentations-, Lernweg- und Bewerbungsportfolio, Weinheim und Basel 2008, S. 10ff

laufen innerlich schon die Kommentierungsprozesse ab, die in der nächsten Phase ausformuliert werden.

Reflexionsphase: Beraten, Reflektieren
Die ausgewählten Beiträge für das Portfolio werden in dieser Phase durch die Urheber kommentiert. Dies geschieht z.B. auf der Grundlage von Beratungsgesprächen mit Mitschülern oder der Lehrkraft, durch Ausfüllen von Reflexionsbögen oder durch frei formulierte Sätze, ähnlich wie in einem Lerntagebuch. Der Lernzuwachs sollte jeweils durch die Schülerinnen und Schüler reflektiert werden. „Sie setzen sich noch einmal mit ihrer Leistung und deren Erarbeitung auseinander, tauschen sich mit anderen aus und erfahren dabei eine Rückmeldung zum Lernprozess und –ergebnis.“[16]

Folgende Reflexionsarten habe ich für mein Vorhaben verwendet (vgl. Abschnitt 5.5 „Reflexion des Lernprozesses“:)

- Ankreuzen von Smileys in verschiedenen Abstufungen
- Ankreuzen von verschiedenen Antwortmöglichkeiten
- Ergänzen von vorgegebenen Satzanfängen wie z.B. „Was ich dazu sagen kann:...“
- Beantworten von Fragen wie z.B. „Was hast du heute Neues gelernt?“
- Freie Texte

Präsentationsphase: Bewerten (lassen)
Zur Präsentation der abgeschlossenen Portfolios ist wichtig, dass der Wert der Portfolios erkennbar wird. Als Form der Präsentation ist vom Museumgang innerhalb der Klasse über die Vorstellung auf einem Elternabend bis zur Veröffentlichung in Buchform oder als Internetauftritt vieles möglich. „Die Veröffentlichung ist als ein gewichtiger Teil des Portfolios anzusehen (...).“[17] Mit der Veröffentlichung und der Bewertung wird die Arbeit am Portfolio gewürdigt und zu einem Abschluss gebracht. Die Möglichkeiten der Bewertung werden im folgenden Kapitel diskutiert.

2.4 Bewertung von Portfolios

Schon während der Arbeit am Portfolio findet eine Bewertung statt, und zwar durch die Urheber selbst, die bestimmte Arbeiten auswählen, andere auslassen und sich in Beratungen über Kriterien für ihren Auswahlprozess verständigen.
Bei der Bewertung von Portfolios sollte meiner Meinung nach die Transparenz im Vordergrund stehen. Schließlich wird von den Schülerinnen und Schülern verlangt, dass sie intensiv arbeiten. Damit sie die Chance haben, dabei zielorientiert vorzugehen, müssen die Ziele von Anfang an definiert und transparent gemacht werden.
Den Schülerinnen und Schülern werden in der Arbeit am Portfolio verschiedene Möglichkeiten gegeben, sich einzubringen und ihr Können zu zeigen. Besonders Schüler, die sich mündlich wenig beteili-

[16] Bartnitzky, Jens; Freitag, Heike u.a.: Handreichung Mein Lernordner Portfolio für die Grundschule, Braunschweig 2006, S. 13
[17] Endres, Wolfgang (Hrsg.): Das Portfolio in der Unterrichtspraxis. Präsentations-, Lernweg- und Bewerbungsportfolio, Weinheim und Basel 2008, S. 13

gen, können über die gesamte Unterrichtseinheit ihre Leistung dokumentieren und diese zur Bewertung vorlegen.

Bewertung von Portfolios mit Ziffernnoten

Die abschließende Bewertung eines Portfolios mit einer Ziffernnote ist umstritten. Vierlinger nennt das Portfolio „direkte Leistungsvorlage“ (DLV), übt deutliche Kritik an den Ziffernnoten und meint dazu: „Die DLV (...) legt (...) keinen Stellvertreter der Leistung vor (Codewörter und -zahlen), sondern diese selbst (exemplarisch ausgewählte Belegstücke des erreichten Leistungsniveaus).“[18]

Dagegen meint Bohl zur Bewertung des Portfolios: „Grundsätzlich können Noten, auch verbale Beurteilungen, skalierte Raster oder Mischformen verwendet werden.“[19]

Mein Standpunkt dazu ist, dass ich die Kritik an Ziffernnoten teile, da sie nichts über den wahren Stand und den Inhalt des Gelernten aussagen – zum Beispiel sagt ein „befriedigend“ in einer Klassenarbeit nichts aus über noch zu schließende Lücken oder was genau schon verstanden wurde.

In Verbindung mit einem Portfolio aber kann ich die Erteilung von Ziffernnoten rechtfertigen, da ein Kriterienraster die Erwartungen von Anfang an transparent macht und anhand eines Punkteschemas nachvollzogen werden kann, in welcher Ausprägung die Kriterien erfüllt sind. Die Zuordnung der erreichten Punkte zu Ziffernnoten (natürlich in Abhängigkeit von der erreichbaren Gesamtpunktzahl) ist in meiner Schule allgemein verpflichtend auf einer Konferenz festgelegt worden.

Die Erstellung des Portfolios erfolgt individuell und in die Bewertung werden die Reflexionen der Schülerinnen und Schüler einbezogen. Daher werde ich die Ziffernnoten durch eine verbale Beurteilung ergänzen, in der Stärken und Schwächen des jeweiligen Portfolios benannt werden.

Die Note für das Portfolio wird von mir wie eine Klassenarbeitsnote behandelt. Laut Beschluss der Fachkonferenz gehen die Noten der Klassenarbeiten zu 40 % in die Zeugnisnote ein. Da in diesem Halbjahr in meiner Lerngruppe noch zwei reguläre Klassenarbeiten geschrieben wurden, hat das Portfolio ein Gewicht von 13,3 % der Zeugnisnote. Dies wird im Rahmen der Festlegung der Bewertungskriterien natürlich von Anfang an den Schülerinnen und Schülern gegenüber transparent gemacht.

Kriterien für die Bewertung von Portfolios

Die Erstellung eines Kriterienrasters ist bedeutsam, da es die Ziele vorgibt, die mit dem Portfolio erreicht werden sollen. Die besondere Schwierigkeit sieht Gubler-Beck in folgendem Punkt: „Die Reflexionen der Schüler sowie die Rückmeldungen des Lehrers orientieren sich an einem Kriterienraster, der lernzielbezogene Standards enthält. Solche Kriterienraster sollen die Schüler bei der *zielgerichteten* Sammlung ihrer Arbeiten unterstützen und sichern, dass niveauvolle Portfolios entstehen. Problematisch daran ist aus mathematikdidaktischer Sicht, dass es sehr viel einfacher ist, inhaltliche Lernziele in einem solchen Raster zu berücksichtigen als allgemeine (vgl. Winter 1975). Das kann zu einem kleinschrittigen Abarbeiten inhaltlicher Lernziele bei gleichzeitiger Vernachlässigung allgemeiner Lernziele führen.“[20]

Daher habe ich im Kriterienraster für die Portfolios als allgemeine Kompetenzen folgende Punkte benannt, die in die Gesamtbewertung mit eingehen (vgl. Abschnitt 5.3 „Kriterienraster“)

---

[18] Vierlinger, Rupert: Plädoyer für die Abschaffung der Ziffernnoten; in: erziehung heute, Heft 3, 1998

[19] Bohl, Thorsten: Prüfen und Bewerten im Offenen Unterricht, Weinheim und Basel 2004, S. 151

[20] Gubler-Beck, Annemarie: Portfolios im Mathematikunterricht, in: Beiträge zum Mathematikunterricht, Hildesheim und Berlin 2005, S. 48

- Sorgfalt bei der Erstellung, 6 Punkte
- Hinweise zum Portfolio von einem/r Mitschüler/in, 1 Punkt
- Reaktion auf meine Hinweise zum Portfolio, 2 Punkte
- Reflexionsbogen zu „Stammbrüche – gemischte Übungen“, 3 Punkte
- Reflexion über das eigene Portfolio, 3 Punkte

Insgesamt machen die prozessbezogenen Kompetenzen in der Bewertung in meinem Kriterienraster also 15 von 50 Gesamtpunkten aus (30 %), die inhaltlichen Kompetenzen 35 von 50 Punkten (70 %). Dies halte ich für ein sinnvolles Verhältnis.

3 Lerntheoretische Grundlagen zur Entwicklung von Bruchvorstellungen

In diesem Kapitel möchte ich darstellen, in welcher Entwicklungsstufe die Schülerinnen und Schüler sich derzeit befinden und daraus Rückschlüsse auf die Planung meiner Unterrichtseinheit ziehen. Da es in der Portfolioarbeit um das Darstellen von Lernwegen geht, werde ich einige grundlegende Erkenntnisse über das Lernen zitieren und daraus Konsequenzen für die Unterrichtsgestaltung und gelingendes Lernen im Mathematikunterricht ableiten.
Die Entwicklung von Bruchvorstellungen steht anschließend im Mittelpunkt meiner Betrachtungen. Zunächst lege ich meinen Standpunkt dar, warum Bruchvorstellungen in der Schule thematisiert werden sollten.
Der Bruchbegriff umfasst mehrere Aspekte. Aus diesem Grund gehe ich auf verschiedene, zentrale Aspekte des Bruchbegriffs ein und begründe daraus, an welchen Aspekten ich besonders arbeiten möchte. Um Brüche darstellen und in ihren Aspekten verstehen zu können, müssen die Schülerinnen und Schüler zunächst einen Begriff von Brüchen haben. Daher stelle ich in diesem Kapitel die Einführung von Begriffen im Mathematikunterricht dar.

3.1 Entwicklungspsychologische Grundlagen

Laut dem Entwicklungspsychologen Jean Piaget verläuft die Entwicklung von Kindern in Stadien. Nach dem Durchlaufen des sensomotorischen und präoperationalen Stadiums befinden sich Schülerinnen und Schüler der 5. Klasse, die in der Regel zehn bis elf Jahre alt sind, überwiegend im konkreto-perationalen Stadium. Kennzeichnend für dieses Stadium ist die Fähigkeit, „logische Operationen mit konkreten Dingen durchzuführen. Objekte oder interne Repräsentationen von Objekten können manipuliert werden; dadurch wird Versuch und Irrtum unnötig. Schlussfolgerungen bestehen aus einer Reihe kleiner, reversibler Schritte, von denen jeder als vernünftig oder unvernünftig beurteilt werden kann. Das Kind braucht aber noch konkrete Darstellungen, mit denen es seine Denkabläufe verknüpfen kann.“[21]

Daher ist mir das Handeln mit konkreten Darstellungen von Brüchen in der Unterrichtseinheit besonders wichtig. Die Schülerinnen und Schüler sollen Material erhalten, das sich zur konkreten Darstellung von Brüchen eignet. Damit hoffe ich, interne Repräsentationen von Brüchen anzubahnen.

[21] Gage, N.L. & Berliner, D.C., Pädagogische Psychologie, Weinheim und München 1994, S. 121

Auch der Psychologe Jerome Bruner legt ein Entwicklungsmodell vor. „Die Entwicklung erfolgt nach BRUNER in drei Stufen, wobei mit zunehmendem Alter und mit zunehmender Erfahrung das symbolische System die Vorherrschaft gewinnt, die anderen Systeme aber weiterhin verwendet werden:

- **Enaktive Stufe** (Das Kind begreift seine Umwelt über den handelnden Umgang mit ihr);
- **Ikonische Stufe** (Bildhafte Vorstellungen sind der Informationsträger; das Kind ist Gefangener seiner Wahrnehmungen) und
- **Symbolische Stufe** (Symbolsysteme ersetzen das Handeln ohne Denken und das an die Wahrnehmung gebundene Verständnis; Sprache, Logik und Mathematik spielen nun eine Rolle).“[22]

Da alle drei Stufen zum Begreifen neuer Inhalte für die Schülerinnen und Schüler wichtig sind, werde ich in der Unterrichtseinheit darauf Wert legen, dass für jede der drei Stufen entsprechendes Material zur Verfügung steht.

3.2 Lernen, Lernwege und Motivation

Die Schülerinnen und Schüler sollen ihre Lernwege zum Bruchbegriff dokumentieren. Dies setzt voraus, dass sie überhaupt etwas lernen. Doch was ist eigentlich **Lernen**?
„Lernen ist eine Art Informationsverarbeitung. (...) Insbesondere wenn zu erwerbende Inhalte in vorhandene Schemata eingeordnet werden können, wird der Wissenserwerb erleichtert.“[23]
Für die Einführung des Bruchbegriffs bedeutet es, dass die Schülerinnen und Schüler Anknüpfungspunkte für den neuen Zahlbereich finden und darstellen sollen. Dafür eignet sich beispielsweise der schon aus dem Bereich der natürlichen Zahlen vertraute Zahlenstrahl. Dieser sollte also Teil der Unterrichtseinheit sein.

Zur Organisation des Lernvorgangs schreibt der Entwicklungspsychologe Renkl: „Der Lernende soll zu aktiver Auseinandersetzung mit dem Lernstoff angeregt werden und dabei instruktionale Unterstützung erfahren. Diese Philosophie spiegelt sich beispielsweise im Begriff des gelenkten Entdeckens („guided discovery“) wieder [sic!] , mit dem im Rahmen der Diskussion zum entdeckenden Lernen einerseits die Bedeutung der Eigenaktivität der Lernenden, andererseits aber auch die Notwendigkeit der Unterstützung unterstrichen werden soll.“[24]
Daraus folgere ich für die geplante Unterrichtseinheit, dass von mir zwar ein Rahmen vorgegeben wird, die Schülerinnen und Schüler selbst diesen aber füllen sollen. Sie erhalten Aufgaben, die so offen sind, dass sie selbst in aktive Auseinandersetzung mit dem Bruchbegriff treten müssen.
Dabei erhalten sie Unterstützung in Form von Rückmeldungskommentaren und natürlich dem Zugang zu verschiedenem Material.

---

[22] Gage, N.L. & Berliner, D.C., Pädagogische Psychologie, Weinheim und München 1994, S. 125
[23] Renkl, Alexander: Lehren und Lernen, in: Tippelt, Rudolf; Schmidt, Bernhardt (Hrsg.): Handbuch Bildungsforschung, Wiesbaden 2010, S.740
[24] Renkl, Alexander: Lehren und Lernen, in: Tippelt, Rudolf; Schmidt, Bernhardt (Hrsg.): Handbuch Bildungsforschung, Wiesbaden 2010, S.742

Der Begriff „**Lernwege**" wird unterschiedlich verwendet[25]. Ich formuliere daher meine eigene Arbeitsdefinition:

> Lernwege sind die vollzogenen Denkprozesse und Handlungen, die zu einer neuen Kompetenz führen oder eine Kompetenz vertiefen.

In der geplanten Unterrichtseinheit wird es darum gehen, dass die Schülerinnen und Schüler ihre Lernwege dokumentieren. Das Ziel der Dokumentation von Lernwegen ist die Bewusstwerdung der Schülerinnen und Schüler über ihren Lernprozess. Dadurch möchte ich erreichen, dass sich das Erlernte an schon vorhandenes Wissen und bereits bestehende Strukturen im Gehirn anschließt, damit Gelerntes besser gespeichert werden kann. Feuser schreibt dazu: „Durch die Reflexion des Lernprozesses – ergänzt durch Gespräche mit der Lehrkraft und den Mitschülerinnen und Mitschülern – wird das neu erworbene Wissen strukturiert und in bestehendes Wissen integriert."[26]
Daher wird mit der Dokumentation des Lernweges, die im Portfolio erfolgen soll, das neu erworbene Wissen über Brüche strukturiert und an vorhandenes Wissen angeknüpft. Aus einmal gegangenen Lernwegen sollen schließlich erneut abrufbare Denkprozesse und Handlungen werden, die so durchdacht sind, dass sie wiederholt werden können oder auf ähnliche Probleme übertragen werden können (Transfer).

Zur **Motivation**, etwas neues zu lernen, schreibt Bruner: „Idealerweise ist das Interesse für die zu lernenden Inhalte der beste Impuls für das Lernen, besser als externale Ziele wie Noten oder späterer Wettbewerbsvorteil."[27] „Motive für das Lernen müssen (...) so weit wie möglich im Erwecken von Interesse für die Lerninhalte begründet sein, und sie müssen breit und unterschiedlich im Ausdruck sein."[28]
Daher werde ich zu Beginn der Unterrichtseinheit deutlich machen, wie wichtig der Umgang mit gebrochenen Zahlen ist, da damit z.B. Divisionen wie 10 : 4 möglich werden oder wir angeben können, welcher Anteil Kirschsaft im Kirsch-Banane-Saft enthalten ist. Um Interesse für die Lerninhalte zu wecken finde ich es wichtig, in der Erarbeitung des Bruchbegriffs die Kinder selbstbestimmt lernen zu lassen. Ich verstehe darunter, dass sie in ihrem Portfolio eigene Lernwege finden und Lern- und Problemlösungsstrategien ausprobieren.

Folgende Forderungen an gelingendes Lernen leite ich also zusammengefasst aus den Erkenntnissen der Lernpsychologie ab:

- Anknüpfungspunkte aus bereits bekannten Inhalten sind zu nutzen
- Lernwege sind zu dokumentieren, um Denkprozesse und Handlungen nachvollziehen, wiederholen und transferieren zu können
- die Schülerinnen und Schüler sollen sich mit dem Lehrstoff aktiv auseinandersetzen, sie bekommen Anleitung statt bloßer Unterweisung
- Inhalte und Ziele werden transparent und nachvollziehbar dargestellt, um die Motivation zu wecken

---

[25] vgl. Klippert, Heinz: Methoden-Training, Weinheim und Basel 2007, S. 200
[26] Feuser, Matthias: Lernwege und Lernerfolge dokumentieren, in: E& W Niedersachsen,6-7/2005, S. 12
[27] Bruner, Jerome: The process of education, Harvard 1960, S. 14, eigene Übersetzung
[28] Bruner, Jerome: The process of education, Harvard 1960, S. 80, eigene Übersetzung

3.3 Die Behandlung von Bruchzahlen in der Schule auf Grundlage der Bildungsstandards und des Rahmenlehrplans Berlin

Die Behandlung der Bruchzahlen in der Schule ist immer wieder in der Diskussion, denn der Zahlbereich der gebrochenen Zahlen könnte alternativ nur über Dezimalzahlen erschlossen werden – auch sie erlauben Antworten auf die Frage, wie z. B. das Ergebnis der Rechnung 10 : 4 dargestellt werden kann.
Padberg wägt Pro- und Kontra-Argumente zur Behandlung der Bruchzahlen gegeneinander ab[29], befürwortet aber letztlich die Behandlung der Bruchzahlen, da „Brüche im Vergleich zu Dezimalbrüchen eine größere Anschaulichkeit und Prägnanz [besitzen]. Ferner zeichnen sie sich durch ihre exakte Wertangabe im Vergleich zu periodischen oder längeren endlichen Dezimalbrüchen aus.“[30]

Die Frage nach der Behandlung der Bruchzahlen und der Bruchrechnung in der Schule wird auch dadurch bejaht, dass es entsprechende Vorgaben in den Bildungsstandards der Kultusministerkonferenz (KMK) und speziell im Rahmenlehrplan Berlin gibt. Die KMK hat bisher Bildungsstandards für die Klasse 4, für den Hauptschulabschluss nach Klasse 9 und den mittleren Schulabschluss nach Klasse 10 verabschiedet. In den „Bildungsstandards im Fach Mathematik für den Mittleren Schulabschluss“ heißt es zur Leitidee Zahl: „Die Schülerinnen und Schüler

- nutzen sinntragende Vorstellungen von rationalen Zahlen, insbesondere von natürlichen, ganzen und gebrochenen Zahlen entsprechend der Verwendungsnotwendigkeit, (...)
- begründen die Notwendigkeit von Zahlbereichserweiterungen an Beispielen“[31]

Hier ist noch Gestaltungsspielraum für die Bundesländer gelassen worden. Die von der Kultusministerkonferenz im Sinne einer Output-Orientierung festgelegten Kompetenzen, die zu bestimmten Zeitpunkten von allen Schülerinnen und Schülern erworben sein müssen, werden im Rahmenlehrplan Berlin für das Ende der Klasse 6 konkretisiert. Dort wird unmissverständlich festgeschrieben, dass der Zahlbereich der gebrochenen Zahlen auch mit Bruchzahlen dargestellt wird. So heißt es dort z.B.: „Darstellungsformen für gebrochene Zahlen: Dezimalbruch, gemeiner Bruch, *gemischte Zahl, Zehnerbruch*“[32], wobei nur die kursiv gedruckten Inhalte fakultativ sind.

Die inhaltlichen und prozessbezogenen Kompetenzen aus dem Rahmenlehrplan Berlin ordne ich in der Übersicht zur Unterrichtseinheit in Kapitel 4.3.2 „Der Ablauf der Unterrichtseinheit“ den einzelnen Stundeninhalten zu.

---

[29] vgl. Padberg, Friedhelm: Didaktik der Bruchrechnung für Lehrerausbildung und Lehrerfortbildung, Heidelberg 2009, S.1ff
[30] ebenda, S.6
[31] Beschlüsse der KMK: Bildungsstandards im Fach Mathematik für den Mittleren Schulabschluss, Beschluss vom 4.12.2003, S. 10
[32] Rahmenlehrplan Grundschule Mathematik, Berlin 2004, S. 40

3.4 Aspekte der Bruchzahlen

In der Literatur findet man unterschiedliche Aufzählungen von Bruchzahlaspekten[33]. Padberg fasst dies prägnant zusammen, indem er festhält: „Der Bruchzahlbegriff ist sehr komplex.“[34]
In Zusammenfassung der Literatur stelle ich hier die gängigsten Aspekte dar:

- **Größenaspekt**: Der Bruch als Teil vom Ganzen
  Eine feste Bezugsgröße bildet den Ausgangspunkt, ein Anteil daran wird als Bruch angegeben.

  Beispiel:
  Eine Pizza ist ein Ganzes.
  Davon wird $\frac{1}{4}$ entnommen.
  Der Größenaspekt ist auch angesprochen, wenn ein Anteil *an mehreren Ganzen* angegeben wird. Malle[35] nennt dies den relativen Anteil.

  Beispiel:
  Zwei Pizzen sind ein Ganzes.
  Davon wird $\frac{1}{8}$ entnommen.

- **Maßzahlaspekt**: Der Bruch als Anteil einer Größe
  Dieser Aspekt ist aus dem täglichen Leben vertraut in Form von Alltagsbrüchen wie „ein viertel Kilogramm“, „ein halber Liter Wasser“, „dreiviertel Stunde“.
  Ich schließe hier auch den bei Padberg gesondert benannten Skalenwertaspekt, z.B. bei Tankfüllständen, mit ein; dort ist die Größe zwar nicht benannt, aber auf der Skala mit ablesbar.
  Dazu gehören auch Brüche am Zahlenstrahl. Sie werden nicht unmittelbar als Anteil einer Größe dargestellt, aber man kann den Zahlenstrahl als Repräsentant der Länge betrachten: Der Bruch $\frac{1}{3}$ wird auf einem Drittel der Streckenlänge von 0 bis 1 abgetragen.

  Beispiele:
  Der Tank ist zu $\frac{1}{8}$ mit Benzin gefüllt,
  die Waage zeigt gut $1\frac{1}{4}$ kg an
  und im Messbecher ist $\frac{1}{4}$ l Milch.
- **Operatoraspekt**: Der Bruch als Rechenbefehl
  Dabei wird der Nenner als Divisor, der Zähler anschließend als Faktor betrachtet.

---

[33] vgl. Bauer, Ludwig: Wie übt man Bruchrechnen?, in: lernchancen 61/62, 2008
Hefendehl-Hebeker, Lisa: Brüche haben viele Gesichter, in: mathematik lehren Heft 78;
Malle, Günther: Grundvorstellungen zu Bruchzahlen, in: mathematik lehren Heft 123
Padberg, Friedhelm: Didaktik der Bruchrechnung für Lehrerausbildung und Lehrerfortbildung, Heidelberg 2009, S. 29ff;
[34] Padberg, Friedhelm: Didaktik der Bruchrechnung für Lehrerausbildung und Lehrerfortbildung, Heidelberg 2009, S. 29
[35] vgl. Malle, Günther: Grundvorstellungen zu Bruchzahlen, in: mathematik lehren Heft 123, S. 4

Beispiel:
Der Bruch $\frac{3}{4}$ bedeutet:
„Teile ein Ganzes in vier gleich große Teile (: 4)
und nimm drei von diesen Teilen (· 3)."

- **Verhältnis- oder Quotientenaspekt**: Der Bruch als Verhältnis
  Bekannt ist dieser Aspekt zum Beispiel von Torverhältnissen in der Fußballbundesliga: Das Verhältnis von Treffern zu Gegentreffern wird z.B. als 63:25 geschrieben und ist damit nichts anderes als eine Bruchzahl als Resultat einer Division.[36] Auch das Verhältnis von Saftmischungen (1 Teil Bananensaft zu 3 Teilen Kirschsaft) oder Körperproportionen gehören zu diesem Aspekt.

  Beispiel: „David", die berühmte Statue von Michelangelo, hat Körperproportionen von Kopf zu Oberkörper zu Unterkörper zu Fuß von 1:3:3:1.

Als brauchbarste Aspekte beschreibt Padberg den Größen- und den Maßzahlaspekt:
„Für den Aufbau der Bruch*rechnung* ist neben dem als Fundament erforderlichen Aspekt *Teil vom Ganzen* der *Maßzahlaspekt* am besten brauchbar (...) Dieser Aspekt spielt bei der Anwendung von Brüchen im täglichen Leben die größte Rolle und stellt daher eine gute Verbindung zum *Vorwissen* der Schüler her."[37] (Hervorhebungen im Original)

Aus diesem Grund werde ich im Unterricht das Hauptgewicht auf den Größen- und den Maßzahlaspekt legen, mich aber nicht nur auf diese Aspekte beschränken.

3.5 Einführung von Begriffen im Mathematikunterricht

Um eine Vorstellung von Brüchen zu entwickeln, muss zunächst der Begriff entwickelt werden. Begriffe sind anders als Worte auch eine semantische, also bedeutungstragende Einheit. Sie werden geistig repräsentiert. Begriffsbildung ist die Bezeichnung eines Gegenstandes mit Wissen um seinen Bedeutungsinhalt.[38]
Es gibt zwei Hauptwege zur Einführung neuer Begriffe: „Begriffsbildung ist in Form von Induktion (vom einzelnen ausgehend) oder durch Deduktion (vom Übergeordneten ausgehend) möglich."[39]
Im Mathematikunterricht sind beide Wege möglich. In der Unterrichtseinheit „Darstellen von Brüchen" entscheide ich mich für den induktiven Weg, da einzelne Beispiele schon aus der Umwelt der Schülerinnen und Schüler bekannt sind und gute Anknüpfungspunkte bieten. Gleichzeitig ist der

---

[36] In diesem Fall handelt es sich um das günstige Torverhältnis von Hertha BSC am 21.4.2011. Damit ist der Aufstieg von der zweiten in die erste Bundesliga gesichert.
[37] vgl. Padberg, Friedhelm: Didaktik der Bruchrechnung für Lehrerausbildung und Lehrerfortbildung, Heidelberg 2009, S. 31
[38] vgl. Maras, Rainer u.a.: Handbuch für die Unterrichtsgestaltung in der Grundschule, Donauwörth 2008, S. 64
[39] Maras, Rainer u.a.: Handbuch für die Unterrichtsgestaltung in der Grundschule, Donauwörth 2008, S. 64

Bruchbegriff in seinen vielen Aspekten zu komplex, um ihn zum Ausgangspunkt einer deduktiven Begriffsbildung zu machen.
Die Schritte, in die der induktive Weg gegliedert ist, sowie ihre konkrete Anwendung stelle ich in Kapitel 4.3.3 „Die Begriffsbildung in der Unterrichtseinheit“ dar.

Franke fasst die Entwicklung des Begriffsverständnisses in Bezug auf die Geometrie in vier Stufen zusammen[40]. Mir erscheinen diese Stufen auch für die Bruchrechnung fruchtbar, daher übernehme ich die Bezeichnungen und beziehe sie im folgenden auf die Bruchrechnung.

1. Intuitives Begriffsverständnis
Die Kinder kennen das Wort „Bruch“ aus unterschiedlichen Zusammenhängen im Alltag, z.B. Knochenbruch, Glasbruch, Vulkanausbruch, Wolkenbruch,... Mit diesen Zusammenhängen verknüpft sich kein mathematischer Inhalt, nur teilweise kann man im Sinne von „Anteile, Zerfall in Einzelteile“ einen Bezug zur mathematischen Bedeutung herstellen.
Darstellungen von Bruchzahlen kennen die Schülerinnen und Schüler in der Regel im Zusammenhang mit Größen; $\frac{1}{2}$ Meter, $\frac{1}{4}$ Kilogramm oder $\frac{3}{4}$ Stunde sind ihnen aus der Umgangssprache geläufig, ohne dass Anteile thematisiert werden.
Im Bereich der Operationen ist ihnen implizit bewusst, dass z.B. zwei Brötchenhälften ein ganzes Brötchen ergeben oder vier Viertelstunden eine volle Stunde.

2. Inhaltliches Begriffsverständnis
Die Eigenschaften des Bruchbegriffs werden im Sinne einer Zuordnung von Zahlen als Brüche oder Nicht-Brüche (natürliche Zahlen) erfasst. Die Bestandteile einer Bruchzahl mit Zähler, Bruchstrich und Nenner sind bekannt. Bisher nicht verwendete Zähler und Nenner können unter Beibehaltung des Aufbaus einer Bruchzahl eingesetzt und als Zeichnung dargestellt werden.

3. Integriertes Begriffsverständnis
Die Beziehungen zwischen Bruchzahlen und anderen Zahldarstellungen wie Dezimalzahlen oder natürlichen Zahlen werden erfasst. In Abgrenzung und Übereinstimmung zu anderen Begriffen wird hier der eigentliche Bruchzahlbegriff erfasst. Die Schwierigkeit des Bruchbegriffs liegt in den verschiedenen Aspekten. Diese vollständig zu überblicken ist erst Bestandteil der 4. Stufe.

4. Formales Begriffsverständnis
Der Begriff kann nun in verschiedenen Aspekten überblickt werden. In Bezug auf den Bruchzahlbegriff kann beispielsweise der Anteil $\frac{3}{4}$ auf ein Ganzes oder auf mehrere Ganze bezogen werden, auf Größen, auf das Mischungsverhältnis 3:4 oder auf die Rechenoperation „: 4 · 3“.

Unter Einbezug der Erkenntnisse und Forderungen aus der Mathematikdidaktik, Bildungsstandards und Rahmenlehrplan, Entwicklungs- und Lernpsychologie erfolgt nun die Planung und Durchführung der Unterrichtseinheit.

---

[40] Franke, Marianne: Didaktik der Geometrie, Heidelberg, Berlin 2000, S. 90f

4 Planung und Durchführung der Unterrichtseinheit „Darstellen von Brüchen“

Zur Planung der Unterrichtseinheit kläre ich zunächst die Rahmenbedingungen und stelle anschließend tabellarisch den Aufbau der Unterrichtseinheit vor. Danach wende ich mich dem Kriterienraster zu, das aus Forderungen des Rahmenlehrplans und den Bildungsstandards sowie aus den oben dargestellten didaktischen Überlegungen abgeleitet wird.
Weiterhin stelle ich einige Unterrichtsbeispiele genauer vor und analysiere ihre Beiträge für die Entwicklung von Bruchvorstellungen und die Dokumentation von Lernwegen.

4.1 Die Arbeit am Portfolio

Die in Kapitel 2.1 „Der Portfoliobegriff“ vorgelegten Dimensionen der Arbeit am Portfolio (Zweck, Inhalte und Entscheidungen), möchte ich hier für die Portfolios, die in der Unterrichtseinheit „Darstellen von Brüchen“ entstehen sollen, als Fragen ausformulieren und stichwortartig beantworten.

<u>Zweck:</u>

- Wer darf oder soll das Portfolio lesen? Die Schüler, ihre Eltern und ich
- Wird das Portfolio bewertet und wenn ja, von wem und anhand welcher Kriterien? Ja, siehe Kapitel 4.4 „Kriterienraster zur Bewertung des Portfolios“

<u>Inhalte</u>

- Gibt es ein Thema, zu dem Inhalte angelegt werden? Ja, die Darstellung von Brüchen
- Wird alles, was verfügbar ist, aufgenommen oder eine Auswahl getroffen? Beim Stationslernen dürfen die Schülerinnen und Schüler selbst bestimmen, wie viele Arbeitsblätter sie bearbeiten und wie viel sie davon einheften, sie müssen mind. 1 Beitrag davon auswählen.
- Gehören neben themenbezogenen Beiträgen auch Reflexionen zum Inhalt? Ja, Reflexionen sind fester Bestandteil fast jeden Beitrags, vgl. Kapitel 5.5 „Reflexion des Lernprozesses“.

<u>Entscheidungen</u>

- Wer entscheidet, welche Inhalte aufgenommen werden? Größtenteils ich, teilweise die Schülerinnen und Schüler
- Gibt es Vorgaben, welcher Art die Inhalte sein sollen? Wenn ja, wer trifft diese Vorgaben und wie eng sind sie gefasst? Teilweise sind Vorgaben durch die Vorstrukturierung der von mir ausgewählten Arbeitsblätter gegeben. Doch durch das individuelle Arbeiten mit selbstdifferenzierenden Aufgaben, Lernbuffets und Stationslernen werden die möglichen Inhalte weit gefasst.

4.2 Der Ablauf der Unterrichtseinheit

Der *Einstieg in die Unterrichtseinheit* geschieht, nach der Erhebung der Lernausgangslage, mit dem Verhältnis- oder Quotientenaspekt am Gegenstand von Kirsch-Banane-Saftmischungen.
In den *Stunden 3 bis 6* steht der Größenaspekt im Vordergrund. Dieser ist besonders geeignet, um vielfältige Darstellungen zu verwenden.
In den *Stunden 7 bis 8* steht der Maßzahlaspekt an Bruchteilen von Größen im Vordergrund. Anknüpfend an Umwelterfahrungen werden Anteile von Längen zunächst benannt, dann gezeichnet.
Auch in der *9. Stunde* befassen wir uns mit Bruchteilen von Größen, hier steht aber der Operatoraspekt im Vordergrund.
In der *10. bis 11. Stunde* geht es erneut um den Größenaspekt, diesmal in Bezug auf unechte Brüche. Damit wird der zentrale Größenaspekt erweitert auf Anteile, die über ein Ganzes hinausgehen. Mit dem Lernbuffet und offenen Aufgaben werden individuelle Lernwege ermöglicht.
Die *12. und 13. Stunde* dient der Wiederholung und Vertiefung der Inhalte.
In der *14. Stunde* wird die Erhebung der Lernausgangslage erneut durchgeführt, um den Lernzuwachs dokumentieren zu können.
Die *15. Stunde* schließt die Unterrichtseinheit ab mit einer ausführlichen Reflexion und der Präsentation der Portfolios gegenüber den Klassenkameraden. Damit komme ich der Forderung aus der Literatur nach, den Schülerinnen und Schülern ihren Lernzuwachs deutlich zu machen und Wertschätzung zu zeigen (vgl. Kap. 2.3.3 „Phasen der Portfolioarbeit“).

Nicht alle Kompetenzen, die im Rahmenlehrplan im Bereich der Bruchrechnung aufgeführt werden sind in dieser Unterrichtseinheit berücksichtigt. Das Kürzen und Erweitern von Brüchen, die Darstellung gebrochener Zahlen als Dezimalzahlen, das Rechnen mit Brüchen sowie die Angabe von Wahrscheinlichkeiten in Form von Brüchen werden in spätere Unterrichtseinheiten verlagert. Im Sinne des Spiralcurriculums werden dann die grundlegenden Inhalte dieser Unterrichtseinheit wieder aufgegriffen, vertieft und erweitert.

Mit dem Portfolio zu arbeiten bedeutet eine Stärkung der Selbstverantwortung der Schülerinnen und Schüler, wie in Kapitel 2.3 „Portfolioarbeit im Unterricht“ dargelegt. Daher ist mir eine abwechslungsreiche Auswahl von Methoden wie Partner- und Gruppenarbeit, Lernbuffet und Stationenlernen in dieser Unterrichtseinheit wichtig, um die Motivation zur Selbstverantwortung zu stärken. Die vier wichtigen Bruchzahlaspekte werden, wie in der folgenden Übersicht deutlich wird, alle berücksichtigt.

Die in der Übersicht fett gedruckten Stunden bzw. Sequenzen werden in nachfolgenden Kapiteln genauer vorgestellt und analysiert.

Übersicht zum Ablauf der Unterrichtseinheit

Std.	Thema	Methoden und Inhalte des Unterrichts	Bruchzahl-aspekt	Beitrag zu inhaltlichen und prozessbezogenen Kompetenzen laut Rahmenlehrplan[41]
1.	Lern-ausgangslage	SuS schreiben den Test zur Lernausgangs-lage (LAL)	alle	
2.	**Verhältnisse im Kirsch-Banane-Saft**	SuS lernen das Portfolio kennen **SuS stellen Saftmischungen her und re-flektieren darüber**	Verhältnis- oder Quoti-enten-aspekt	Inhaltliche mathematische Kompetenzen – Bruchteile von Größen erfassen, bilden und berechnen – Veranschaulichung gebrochener Zahlen Prozessbezogene mathematische Kompetenzen – stellen Lösungsprozesse dar, kommentieren und reflektieren diese und überprüfen Lösungen
3.	Handlungs-orientierte Zu-gänge zum Bruchbegriff	Stationslernen mit vielfältigen Tätigkeiten: - Moosgummikreise in Halbe, Viertel, Ach-tel zerschneiden und legen - Kreise und Quadrate vierteln durch Falten und Schneiden - Quadrate zeichnerisch aufteilen - Schokoladentafeln aufteilen - Lebensmittel zeichnerisch aufteilen	Größen-aspekt	Inhaltliche mathematische Kompetenzen – Notwendigkeit für die Zahlbereichserweiterung begründen: Teile von Ganzen, Bruchbegriff, Bereich der gebrochenen Zahlen – gebrochene Zahlen identifizieren und realisieren, lesen, schreiben und ordnen – Veranschaulichung gebrochener Zahlen Prozessbezogene mathematische Kompetenzen – stellen Lösungsprozesse dar, kommentieren und reflektieren diese und überprüfen Lösungen
4.	Handlungs-orientierte Zu-gänge zum Bruchbegriff	Stationslernen wie oben mit vielfältigen Tätigkeiten: falten, schneiden, legen, malen, zerteilen	Größen-aspekt	Inhaltliche mathematische Kompetenzen – Notwendigkeit für die Zahlbereichserweiterung begründen: Teile von Ganzen, Bruchbegriff, Bereich der gebrochenen Zahlen – gebrochene Zahlen identifizieren und realisieren, lesen, schreiben und ordnen – Veranschaulichung gebrochener Zahlen Prozessbezogene mathematische Kompetenzen – stellen Lösungsprozesse dar, kommentieren und reflektieren diese und überprüfen Lösungen

[41] Rahmenlehrplan Grundschule Mathematik, Berlin 2004

5.	Darstellungen von Brüchen	SuS nennen in unterteilten Figuren den gefärbten Anteil als Bruch SuS lernen den Begriff „Stammbruch“ und den Aufbau einer Bruchzahl kennen SuS wählen zwei Stammbrüche aus und zeichnen sie in verschiedenen Darstellungen auf je ein Blatt für ihre Portfolios.	Größe-aspekt	<u>Inhaltliche mathematische Kompetenzen</u> – Notwendigkeit für die Zahlbereichserweiterung begründen – gebrochene Zahlen identifizieren und realisieren, lesen, schreiben und ordnen – Veranschaulichung gebrochener Zahlen <u>Prozessbezogene mathematische Kompetenzen</u> – entnehmen aus Sachtexten und anderen Darstellungen die relevanten Informationen und kommunizieren mit anderen darüber – beschreiben Sachverhalte unter Verwendung mathematischer Fachbegriffe und Symbole,(hier die mathematischen Fachbegriffe Bruchstrich, Zähler, Nenner, Stammbruch)
6.	**Übungen zu Darstellungen von Brüchen**	**<u>PA:</u> SuS stellen sich ihre Portfolios gegenseitig vor und kommentieren sie** <u>PA:</u> SuS stellen Brüche in unterschiedlichen Bildern und Figuren dar	Größe-aspekt	<u>Inhaltliche mathematische Kompetenzen</u> – gebrochene Zahlen identifizieren und realisieren, lesen, schreiben und ordnen – Veranschaulichung gebrochener Zahlen <u>Prozessbezogene mathematische Kompetenzen</u> – vollziehen Vorgehensweisen von Mitschülerinnen und Mitschülern beim Lösen von Aufgaben nach und schätzen diese ein, – stellen Lösungsprozesse dar, kommentieren und reflektieren diese und überprüfen Lösungen
7.	Bruchteile von Größen	<u>GA:</u> SuS zeichnen Bruchteile von verschiedenen Längen ein, überprüfen mit Bändern; SuS reflektieren ihre Vorgehens- und Arbeitsweise schriftlich	Maßzahl-aspekt	<u>Inhaltliche mathematische Kompetenzen</u> – Bruchteile von Größen erfassen, bilden und berechnen <u>Prozessbezogene mathematische Kompetenzen</u> – stellen Lösungsprozesse dar, kommentieren und reflektieren diese und überprüfen Lösungen
8.	**Bruchteile von Größen**	**Zahlenstrahl (Wäscheleine) von 0 bis 1 mit Unterteilung in Zwanzigstel im Klassenraum aufgehängt, SuS heften Bruchkärtchen an passende Stellen und korrigieren sich gegenseitig;** **SuS ordnen Brüche an gezeichneten Zahlenstrahlen ein und zeichnen selbst einen Zahlenstrahl mit Brüchen**	Maßzahl-aspekt	<u>Inhaltliche mathematische Kompetenzen</u> – gebrochene Zahlen identifizieren und realisieren, lesen, schreiben und ordnen – Veranschaulichung gebrochener Zahlen – Bruchteile von Größen erfassen, bilden und berechnen <u>Prozessbezogene mathematische Kompetenzen</u> – vollziehen Vorgehensweisen von Mitschülerinnen und Mitschülern beim Lösen von Aufgaben nach und schätzen diese ein,

Std.	Thema	Methoden und Inhalte des Unterrichts	Bruch-zahl-aspekt	Beitrag zu inhaltlichen und prozessbezogenen Kompetenzen laut Rahmenlehrplan
9.	Bruchteile von Größen	SuS lernen am Schüttversuch, wie Bruchteile von Größen berechnet werden können PA: SuS geben Bruchteile von Kilogramm im Kuchenrezept ganzzahlig in Gramm an und reflektieren ihre Vorgehensweise	Operator-aspekt	Inhaltliche mathematische Kompetenzen – Bruchteile von Größen erfassen, bilden und berechnen Prozessbezogene mathematische Kompetenzen – stellen Lösungsprozesse dar, kommentieren und reflektieren diese und überprüfen Lösungen
10.	Unechte Brüche	SuS versuchen, fünf Pizzen auf vier Kinder aufzuteilen, als Hilfsmittel falten und zerschneiden sie Papierkreise Lernbuffet mit Selbstkontrolle: - Kuchen aufteilen - unechte Brüche darstellen - unechte Brüche in gemischte Zahlen umwandeln - gemischte Zahlen in unechte Brüche umwandeln	Größen-aspekt	Inhaltliche mathematische Kompetenzen – gebrochene Zahlen identifizieren und realisieren, lesen, schreiben und ordnen – Veranschaulichung gebrochener Zahlen – Darstellungsformen für gebrochene Zahlen: Dezimalbruch, gemeiner Bruch, *gemischte Zahl, Zehnerbruch* – verschiedene Darstellungsformen gebrochener Zahlen ineinander umwandeln: echter und unechter Bruch Prozessbezogene mathematische Kompetenzen – übersetzen Sachprobleme in die Sprache der Mathematik, lösen sie innermathematisch und prüfen diese Lösungen an der Realität, – erkennen mathematische Zusammenhänge, beschreiben und begründen diese (Umwandlung unechter Bruch ⇔ gemischte Zahl)
11.	Übungen zu unechten Brüchen	SuS üben zu unechten Brüchen Lernbuffet mit Selbstkontrolle: - Kuchen aufteilen - unechte Brüche darstellen - unechte Brüche in gemischte Zahlen umwandeln - gemischte Zahlen in unechte Brüche umwandeln	Größen-aspekt	Inhaltliche mathematische Kompetenzen – gebrochene Zahlen identifizieren und realisieren, lesen, schreiben und ordnen – Veranschaulichung gebrochener Zahlen – Darstellungsformen für gebrochene Zahlen: Dezimalbruch, gemeiner Bruch, *gemischte Zahl, Zehnerbruch* – verschiedene Darstellungsformen gebrochener Zahlen ineinander umwandeln: echter und unechter Bruch Prozessbezogene mathematische Kompetenzen – stellen Lösungsprozesse dar, kommentieren und reflektieren diese und überprüfen Lösungen
12.	Übung	Lernbuffet zur Wiederholung und Übung, alle Aufgaben mit Selbstkontrolle - gefärbte Anteile an Figuren als Bruch	- Größen-aspekt - Maßzahl-	Inhaltliche mathematische Kompetenzen – gebrochene Zahlen identifizieren und realisieren, lesen, schreiben und ordnen

		ausdrücken - Brüche am Zahlenstrahl einsortieren - PA: Bruchdomino mit unechten Brüchen/gemischten Zahlen - PA: Bruchpuzzle mit Figuren und Bruchteilen - Stammbrüche in Rechtecke einzeichnen - Anteile an Geld und Massen berechnen - Kirsch-Banane-Saftmischung trinken und das Verhältnis schätzen	aspekt - Verhältnis-oder Quotienten-aspekt - Operatoraspekt	– Veranschaulichung gebrochener Zahlen – Darstellungsformen für gebrochene Zahlen: Dezimalbruch, gemeiner Bruch, *gemischte Zahl, Zehnerbruch* – verschiedene Darstellungsformen gebrochener Zahlen ineinander umwandeln: echter und unechter Bruch – Bruchteile von Größen erfassen, bilden und berechnen Prozessbezogene mathematische Kompetenzen – stellen Lösungsprozesse dar, kommentieren und reflektieren diese und überprüfen Lösungen – beschreiben Sachverhalte unter Verwendung mathematischer Fachbegriffe und Symbole, (hier die math. Fachbegriffe Bruchstrich, Zähler, Nenner, Stammbruch)
13.	Übung	Lernbuffet zur Wiederholung und Übung, alle Aufgaben mit Selbstkontrolle - gefärbte Anteile an Figuren als Bruch ausdrücken - Brüche am Zahlenstrahl einsortieren - PA: Bruchdomino mit unechten Brüchen/gemischten Zahlen - PA: Bruchpuzzle mit Figuren und Bruchteilen - Stammbrüche in Rechtecke einzeichnen - Anteile an Geld und Massen berechnen - Kirsch-Banane-Saftmischung trinken und das Verhältnis schätzen	- Größenaspekt - Maßzahlaspekt - Verhältnis- oder Quotienten-aspekt - Operatoraspekt	Inhaltliche mathematische Kompetenzen – gebrochene Zahlen identifizieren und realisieren, lesen, schreiben und ordnen – Veranschaulichung gebrochener Zahlen – Darstellungsformen für gebrochene Zahlen: Dezimalbruch, gemeiner Bruch, *gemischte Zahl, Zehnerbruch* – verschiedene Darstellungsformen gebrochener Zahlen ineinander umwandeln: echter und unechter Bruch - Bruchteile von Größen erfassen, bilden und berechnen Prozessbezogene mathematische Kompetenzen – stellen Lösungsprozesse dar, kommentieren und reflektieren diese und überprüfen Lösungen – beschreiben Sachverhalte unter Verwendung mathematischer Fachbegriffe und Symbole, (hier die math. Fachbegriffe Bruchstrich, Zähler, Nenner, Stammbruch)
14.	LAL	SuS schreiben erneut den Test zur LAL	alle	
15.	Portfolios präsentieren	SuS schreiben ihre Reflexion zur Arbeit mit dem Portfolio Museumsrundgang im Klassenraum zur Präsentation der Portfolios: jeweils die Hälfte der SuS geht umher, während die andere Hälfte ihre Portfolios präsentiert.		Prozessbezogene mathematische Kompetenzen – entnehmen aus Sachtexten und anderen Darstellungen die relevanten Informationen und kommunizieren mit anderen darüber, – stellen Lösungsprozesse dar, kommentieren und reflektieren diese und überprüfen Lösungen – vollziehen Vorgehensweisen von Mitschülerinnen und Mitschülern beim Lösen von Aufgaben nach und schätzen diese ein

4.3 Bruchvorstellungen und Begriffsbildung

Das zentrale Ziel der Unterrichtseinheit „Darstellen von Brüchen“ ist, dass die Schülerinnen und Schüler Bruchvorstellungen entwickeln. Dazu müssen sie einen tragfähigen Bruchbegriff erwerben.
In dieser Übersicht stelle ich die Schrittfolge der Begriffsbildung und ihre Umsetzung in der vorliegenden Unterrichtseinheit gegenüber.

Schrittfolge der Begriffsbildung[42]	**Umsetzung in der Unterrichtseinheit**
Sicherung des Ausgangsniveaus	- Erhebung der Lernausgangslage
Zielorientierung/Motivierung	- Endlichkeit des bisherigen Zahlenraums, Notwendigkeit der Erweiterung auf gebrochene Zahlen zur Darstellung von Ergebnissen - konkret z.B.: Wie können wir angeben, wie viel Kirsch- und wie viel Bananensaft in der KiBa-Mischung enthalten ist?
Vorgeben oder Erzeugen ausgewählter Objekte	- z.B.: Saftmischungen werden von den SuS erzeugt
Anleiten zum Vergleichen dieser Objekte	- z.B.: Saft wird probiert und versucht, einem Mischungsverhältnis zuzuordnen. - z.B.: Die Mischungsverhältnisse werden in Bezug auf den Anteil an Kirschsaft verglichen
Festlegen des Begriffsinhaltes; Einführung des Begriffswortes und gegebenenfalls des Zeichens	- Thematisierung des Aufbaus einer Bruchzahl mit Zähler, Bruchstrich, Nenner - Darstellungsformen von Brüchen in verschiedenen Formen und Figuren
Einordnen in das Begriffssystem	- Beziehung zu natürlichen Zahlen - Typische Repräsentanten, also bereits bekannte Brüche wie $\frac{1}{2}$ und $\frac{1}{4}$

An dieser Stelle setzt das Begriffs*verständnis* ein, wie in Kapitel 3.5 „Einführung von Begriffen im Mathematikunterricht“ beschrieben.

4.4 Kriterienraster zur Bewertung der Portfolios

Das Kriterienraster teilte ich anlässlich der Vorstellung der Portfolioarbeit zu Beginn des inhaltlichen Einstiegs in die Unterrichtseinheit den Schülerinnen und Schülern aus, damit sie von Anfang an transparent nachvollziehen konnten, welche Anforderungen an sie gestellt werden und nach welchen Kriterien ihre Portfolios beurteilt werden. Das Blatt wurde gemeinsam gelesen und besprochen und von den Schülerinnen und Schülern ohne große Nachfragen akzeptiert.
Ich finde die Dreiteilung der Punktabstufungen passend, auch wenn es je nach Aufgabe insgesamt 2, 3 oder 4 Punkte zu verteilen gab. Auf diese Art wird der Abstand zwischen den drei Stufen „volle Leistung“, „mittlere Leistung“, „unzureichende Leistung“ deutlicher.

[42] vgl. Skript zum Fachseminar Mathematik unter Leitung von Petra Schult

Bewertung deines Portfolios

Ordnung und Sauberkeit

Reihenfolge	die Beiträge sind in der richtigen Reihenfolge 2 P.	die Reihenfolge der Beiträge stimmt bis auf max. zwei 1 P.	die Reihenfolge der Beiträge stimmt nicht 0 P.
Sauberkeit	alle Beiträge sind sauber 2 P.	die Beiträge haben insgesamt höchstens zwei Flecken 1 P.	mehr als zwei Beiträge sind fleckig oder stark geknickt 0 P.
Überschriften	jeder Beitrag hat eine passende Überschrift 2 P.	bei nur einem Beitrag fehlt die Überschrift 1 P.	bei mehr als einem Beitrag fehlt die Überschrift 0 P.

Pflichtblätter

KiBa-Mischungen	alles ausgefüllt und alles richtig 2 P.	bis zu 2 Fehler 1 P.	mehr als 2 Fehler 0 P.
Moosgummikreise	aufgeklebt und in drei Sätzen erklärt 2 P.	aufgeklebt und in weniger als drei Sätzen erklärt 1 P.	nur aufgeklebt, ohne Text 0 P.
Zwei Stammbrüche in verschiedenen Darstellungen	mind. 2 Stammbrüche 4 P.	nur 1 Stammbruch 2 P.	kein Stammbruch 0 P.
Frau Storms Hinweise zum Portfolio	Hinweise umgesetzt 2 P.	Hinweise zur Hälfte umgesetzt 1 P.	Hinweise nicht umgesetzt 0 P.
Hinweise zum Portfolio von einem/r Mitschüler/in	vorhanden (wenn du krank warst, musst du das nachholen) 1 P.	-	nicht vorhanden 0 P.
Brüche im Alltag	mind. 2 eigene Aufgaben 4 P.	1 eigene Aufgabe 2 P.	keine eigenen Aufgaben 0 P.
Stammbrüche, gemischte Übungen	alles ausgefüllt und alles richtig 3 P.	bis zu 3 Fehler 2 P.	mehr als 3 Fehler 0 P.
Reflexionsbogen zu „Stammbrüche – gemischte Übungen“	alles ausgefüllt 3 P.	Reflexion der Gruppenarbeit *oder* Erklärung der Streckenteilung fehlt	mehr als eine Teilaufgabe fehlt 0 P.

		1 P.	
Brüche im Kuchenrezept mit Reflexion	alles ausgefüllt und alles richtig 3 P.	bis zu 3 Fehler oder fehlende Teilaufgaben 2 P.	mehr als 3 Fehler oder fehlende Teilaufgaben 0 P.
Brüche am Zahlenstrahl	alles ausgefüllt und alles richtig 3 P.	bis zu 3 Fehler oder fehlende Teilaufgaben 2 P.	mehr als 3 Fehler oder fehlende Teilaufgaben 0 P.
Selbst erfundene Aufgaben aus dem Alltag	mind. 2 Aufgaben vorhanden und richtig 4 P.	genau 1 Aufgabe vorhanden und richtig 2 P.	keine Aufgabe vorhanden oder richtig 0 P:
Papierpizzen	aufgeklebt und Aufgabe erklärt 2 P.	aufgeklebt und Brüche notiert 1 P.	nur aufgeklebt, ohne Text 0 P.
Unechte Brüche und gemischte Zahlen	max. 1 Fehler oder 1 ungelöste Aufgabe 4 P.	bis zu 4 Fehler 2 P.	mehr als 4 Fehler 0 P.
Reflexion über mein Portfolio	komplett ausgefüllt 3 P.	bis zu 1 Frage ausgelassen 1 P.	mehr als 1 Frage ausgelassen 0 P.
Mind. eines der Wahlpflichtblätter aus dem Stationenlernen	mind. eines ist fehlerlos eingeheftet 4 P.	bis zu 3 Fehler 1 P.	mehr als 3 Fehler 0 P.

Du kannst außerdem noch weitere Beiträge einheften, wenn du sie gelungen findest:

- weitere Arbeitsblätter vom Lernbuffet
- ein gestaltetes Deckblatt
- zusätzliche Aufgaben mit Überschrift und Reflexion

Du kannst maximal 50 Punkte erreichen.
Zensurenverteilung:

48 – 50 Punkte: Zensur 1
44 – 47 Punkte: Zensur 2
35 – 43 Punkte: Zensur 3
25 – 34 Punkte: Zensur 4
12 – 24 Punkte: Zensur 5
unter 12 Punkte: Zensur 6

Die Note für das Portfolio wird wie eine Klassenarbeit gewertet!

4.5 Unterrichtsbeispiele für die Entwicklung von Bruchvorstellungen und die Dokumentation von Lernwegen

Ich habe die Sequenz „Portfolio-Beitrag zum Verhältnisaspekt der Bruchzahlen" und die Unterrichtsstunde „Portfolio-Beitrag zu Brüchen am Zahlenstrahl" zur näheren Darstellung ausgewählt, weil man an diesen beiden sehen kann, wie ich die Arbeit am Portfolio eingesetzt habe, um an der Bruchvorstellung der Schülerinnen und Schüler zu arbeiten. Die Ermöglichung individueller Lernwege war mir dabei besonders wichtig, denn eine Bruchvorstellung muss jeder Mensch in sein eigenes System von Vorstellungen integrieren.

Die Sequenz „Sich gegenseitig Rückmeldung geben" habe ich ausgewählt, um die Besonderheit der Arbeit am Portfolio zu zeigen: die Förderung der Reflexionsfähigkeit der Schülerinnen und Schüler. Daran sieht man auch die Komplexität der Überlegungen im Vorfeld, denn die Anleitung zum gegenseitigen Geben und Empfangen von Rückmeldungen muss gut vorbereitet und in den Unterricht eingebettet sein.

4.5.1 Portfolio-Beitrag zum Verhältnisaspekt der Bruchzahlen

Die dargestellte Sequenz umfasst zeitlich etwa die letzten zwei Drittel der 2.Unterrichtsstunde in der Unterrichtseinheit „Darstellen von Brüchen". In dieser Sequenz ging es um das Mischen von Kirsch-Banane-Saft zum Verständnis des Verhältnisaspektes von Bruchzahlen.

Methodisch-didaktische Begründung der Inhalte der Sequenz

Wie bereits in Kap. 4.2 „Lernstand der Schülerinnen und Schüler" dargelegt, haben die Schülerinnen und Schüler einige Monate vor Beginn der Unterrichtseinheit einen Nachmittag mit dem Mischen von Kirsch-Banane-Saft (KiBa) und Notieren der Mischungsverhältnisse verbracht. Daher ist ihnen der Verhältnis- oder Quotientenaspekt von Brüchen am Gegenstand von Kirsch-Banane-Saftmischungen bereits vertraut. Aus den Erkenntnissen der Lernpsychologie ist bekannt, dass neues Wissen an vorhandenes Wissen anknüpfen sollte (vgl. Kap. 3.2 „Lernen, Lernwege und Motivation").

Außerdem führte ich nach der Vorführung des fertigen Werbefilms eine Umfrage unter den Schülerinnen und Schülern durch. Von den 20 am Projekt beteiligten Schülerinnen und Schülern sagten 18 auf die Frage „Wie hat dir das Mischen des KiBa-Saftes gefallen?" „gut" oder „sehr gut". Die übrigen beiden Kinder sagten, es habe ihnen „mittel" gefallen. Als Kommentar schrieb eines der Kinder, es sei zu lang gewesen. Den positiv antwortenden Kindern gefiel vor allem die Möglichkeit, den Saft zu trinken und selbst Mischungen auszuprobieren.

Aus Gründen der Motivation und des Anknüpfens an Bekanntes schien es mir daher sinnvoll, die Unterrichtseinheit mit dem Mischen von KiBa und dem Verhältnis- oder Quotientenaspekt zu beginnen. Ich habe mich entschieden, jeden Saft aus acht gleich großen Anteilen mischen zu lassen. So sind sieben verschiedene Mischungsverhältnisse (1:7, 2:6, 3:5, 4:4, 5:3, 6:2, 7:1) möglich. Diese Mischungsverhältnisse gab es nun einerseits real als gemischte Säfte. Außerdem sollten die Kinder sie auf einem Arbeitsblatt zeichnen, die Saftanteile als Brüche schreiben und das Mischungsverhältnis aufschreiben. Damit erreiche ich einen kompletten Durchgang der Ebenen von enaktiv über ikonisch zu symbolisch.

Mit dem Arbeitsblatt entstand auch gleich der erste Portfoliobeitrag. Es war mir wichtig, zu Beginn der Unterrichtseinheit gemeinsam einen Beitrag zu erstellen und diesen stärker vorzustrukturieren, damit ein niedrigschwelliger Einstieg in die Portfolioarbeit möglich wurde.

Mischungen von Kirsch-Banane-Saft (KiBa)

1. Vanessa hat einen KiBa gemischt.
Zeichne hier die Anteile ein.

Rot = Kirschsaft
Gelb = Bananensaft

Welche Anteile haben die beiden Säfte am KiBa?

Es sind 6 Teile Kirschsaft von 8 Teilen KiBa. Das ist ein Anteil von $\frac{6}{8}$.

Es sind 2 Teile Bananensaft von 8 Teilen KiBa. Das ist ein Anteil von $\frac{2}{8}$.

Es wurde im Verhältnis 6 : 2 gemischt.

2. Niklas hat einen KiBa gemischt.
Zeichne hier die Anteile ein.

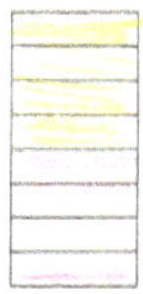

Rot = Kirschsaft
Gelb = Bananensaft

Welche Anteile haben die beiden Säfte am KiBa?

Es sind 4 Teile Kirschsaft von 8 Teilen KiBa. Das ist ein Anteil von $\frac{4}{8}$.

Es sind 4 Teile Bananensaft von 8 Teilen KiBa. Das ist ein Anteil von $\frac{4}{8}$.

Es wurde im Verhältnis 4 : 4 gemischt.

3. Stelle dir vor, dass du deinen eigenen KiBa mischst.

Zeichne hier die Anteile ein.

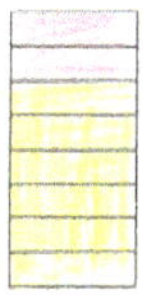

Rot = Kirschsaft
Gelb = Bananensaft

Welche Anteile haben die beiden Säfte am KiBa?

Es sind 2 Teile Kirschsaft von 8 Teilen KiBa. Das ist ein Anteil von $\frac{2}{8}$.

Es sind 6 Teile Bananensaft von 8 Teilen KiBa. Das ist ein Anteil von $\frac{6}{8}$.

Ich habe im Verhältnis 2 : 6 gemischt.

4. Reflexion
Was ich dazu sagen kann: Es hat spaß gemacht das zu mischen.

Bewusst habe ich auf dem von mir erstellten Arbeitsblatt drei Mal hintereinander den gleichen Aufgabentypus gewählt. Er umfasst das Zeichnen der Anteile, das Aufschreiben der Anteile als Satz, das Darstellen der Anteile als Bruchzahlen und als Verhältnis. Zwei Mal werden diese Aufgaben im Klassenverband ausgefüllt, danach bietet die selbstdifferenzierende Aufgabe die Möglichkeit, weitere Mischungsverhältnisse zu finden und darzustellen.

Ablauf der Sequenz
Im ersten Teil der Unterrichtsstunde stellte ich den Schülerinnen und Schülern das Portfolio vor, teilte das Kompetenzraster aus und besprach es gemeinsam mit ihnen. Auch Fragen zur Organisation und Bewertung wurden geklärt.

In der Sequenz, die ich näher vorstellen möchte, ging es um das Mischen von Kirsch-Banane-Säften. Das abgebildete Arbeitsblatt (aus dem Portfolio von Melina) wurde ausgeteilt und der Auftrag an die Schülerinnen und Schüler erteilt, es als ersten Beitrag zu ihrem Portfolio zu ergänzen.

Zuerst wurde ein Mädchen, Vanessa, aufgerufen, die vorn vor der Klasse eine KiBa-Mischung herstellen durfte. Dazu standen kleine Becher zum Portionieren, große Mischbehälter, Trinkgläser und natürlich ausreichend Saftkartons bereit. Danach gab ich den Schülerinnen und Schülern etwas Zeit, um Aufgabe 1 ausfüllen zu können. Nach diesem ersten Durchgang wurden die Lösungen von einem Schüler zum Vergleichen an die Tafel geschrieben. Dabei wies ich kurz darauf hin, dass der Bruchstrich gerade sein soll und eine Zahl darüber, die andere darunter steht. Die Begriffe Zähler und Nenner wurden in dieser Stunde noch nicht verwendet. Der Schüler erklärte, wie er aus den ergänzten Zahlen in den Lückensätzen die Brüche und das Verhältnis finden konnte.

Danach durfte der Schüler Niklas ein anderes Mischungsverhältnis herstellen und ich sagte den Schülerinnen und Schülern, sie sollten nun Aufgabe 2 mit Niklas′ Mischungsverhältnis ausfüllen. Die Schüler konnten schon selbständig auf dem Arbeitsblatt fortfahren, nur kurz wurden die Antworten zu Nr. 2 mündlich verglichen, um allen Schülern eine kurze Rückmeldung über die Richtigkeit ihrer Lösungen zu ermöglichen.

In Aufgabe 3 konnte sich nun jeder Schüler ein eigenes Mischungsverhältnis ausdenken, es eintragen und zeichnen. Um die Schüler an die Reflexion ihrer Einträge heranzuführen, gab es in Aufgabe 4 einen kurzen, sehr offen formulierten Schreibanlass. Zum Abschluss der Stunde wurden die von dem Mädchen und dem Jungen zu Beginn hergestellten Saftmischungen von allen Kindern probiert. Mit dem übrigen Saft durften die Kinder während der anschließenden Frühstückspause noch weitere eigene Mischungen herstellen und sie trinken.

Analyse der Sequenz
Bereits vor Beginn der Stunde, als ich die Gläser, Mischbehälter und Saftkartons auf einen Tisch im Klassenraum stellte, äußerten sich einige Schülerinnen und Schüler positiv darüber, dass sie wieder Säfte mischen können und wir uns jetzt wohl mit Bruchrechnung beschäftigen würden. Die Motivation zeigte sich auch als ich fragte, wer gern einen Saft mischen würde – fast alle Kinder hatten Lust dazu. Beide Kinder, die vorn mischen durften, wollten ein Verhältnis von 4:4 verwenden. Dies ist natürlich nahe liegend, wenn zwei Säfte zu einem gemischt werden sollen. Ich fragte das Mädchen, ob es ein anderes Verhältnis als Hälfte zu Hälfte mischen könne. Nach kurzem Nachdenken mischte es im Verhältnis 6:2.

In den Portfolios kann ich sehen, dass alle 23 Schülerinnen und Schüler, die an diesem Tag anwesend waren, diesen ersten Portfoliobeitrag bearbeitet haben. Sie alle haben die Zeichnungen passend ausgemalt. Die Anteile als Brüche haben 22 von ihnen richtig geschrieben. Als ungünstig erwies sich im

Arbeitsblatt die leere Schreiblinie an der Stelle, an der die Brüche eingetragen werden sollten. Ein leerer Raum wäre besser gewesen. Zwei Schüler verwendeten die Schreiblinie als Bruchstrich, die anderen schrieben ihren Bruch etwas gequetscht mehr oder weniger oberhalb der Schreiblinie.

Das Verhältnis haben 19 Kinder immer richtig angegeben. Zwei Kinder haben das Verhältnis bei zwei von drei Malen richtig angegeben. Das Übertragen der jeweiligen Zähler zur Angabe des Verhältnisses wurde also ganz überwiegend richtig angewandt. Ich vermute aber, dass der Zusammenhang zwischen Bruchzahl und Verhältnis von den Schülerinnen und Schülern auf dieser Stufe noch nicht allgemein formuliert werden kann.

In Aufgabe 3 haben 21 Schülerinnen und Schüler, also fast alle, ein weiteres Mischungsverhältnis gefunden. Zwei Schüler ließen dieses Feld leer, einer dieser Schüler zeichnete aber zumindest ein eigenes Mischungsverhältnis. Es gab eine klare Vorliebe für das Mischungsverhältnis 3:5, das von 12 Schülerinnen und Schülern gewählt wurde. Außerdem wurden noch die Verhältnisse 5:3; 7:1; 1:7 und 2:6 gefunden. Ein Schüler mit spezieller Begabung in Mathematik gab das Mischungsverhältnis 2,5:5,5 und die korrekten Bruchzahlen $\frac{5}{16} : \frac{11}{16}$ an. Darin zeigt sich für mich als wichtiger Vorteil von offenen Aufgabenstellungen die Möglichkeit der Selbstdifferenzierung.

Zur Reflexion gab es im Unterricht einige Rückfragen der Schülerinnen und Schüler, allesamt Unsicherheiten des Typs „Darf ich ... schreiben?". Die Offenheit der Schreibaufforderung „Was ich dazu sagen kann:" ist sicherlich ungewohnt. So waren die Kommentare sehr unterschiedlich, was ich interessant und gut finde. Schließlich möchte ich dadurch Aufschluss erhalten darüber, was den Kindern auffällt und wichtig ist. Einige Beispiele für Antworten sind (von mir in korrekte Orthografie übertragen):
„Es gibt viele Möglichkeiten KiBa zu mischen."; „Es ist sehr einfach Brüche zu rechnen. Ich trinke auch gerne KiBa"; „Ich habe verstanden, dass Brüche sehr lecker sein können"; „Es macht Spaß und beim ersten Mal habe ich es nicht verstanden". Der letzte Kommentar bezog sich, wie ich auf Nachfrage erfuhr, auf das Mischen beim Filmdreh. In dieser Sequenz hat der Schüler dann verstanden, „wie man die Brüche mit Saft mischen kann", wie er sagte.
Es gab keinen abwertenden Kommentar, aber sechs Kinder haben die Reflexion unbeantwortet gelassen.

4.5.2 Sich gegenseitig Rückmeldung geben

Die dargestellte Sequenz umfasst zeitlich etwa die ersten zwei Drittel der 6.Unterrichtsstunde in der Unterrichtseinheit „Darstellen von Brüchen". In dieser Sequenz ging es um die paarweise Rückmeldung der Schülerinnen und Schüler untereinander zur bisherigen Arbeit an ihren Portfolios.

Methodisch-didaktische Begründung der Inhalte der Sequenz
Wie in Kapitel 2.3.3 „Phasen der Portfolioarbeit" beschrieben, ist die Reflexionsphase sehr wichtig, um den Schülerinnen und Schülern ihren Lernzuwachs deutlich zu machen.
Ein Beratungsgespräch mit einem Mitschüler mit schriftlicher Einschätzung des Portfolios schien mir sehr gut dazu geeignet, da jedes Kind gleichzeitig beschäftigt ist und nicht auf ein Gespräch mit mir

warten muss und außerdem die Verantwortung weiter in die Hände der Schüler gelegt wird. Die schriftliche Einschätzung wird Bestandteil des Portfolios, um ihren Wert zu unterstreichen.

Ich habe mich entschieden, einen Reflexionsbogen (siehe unten) zur Verfügung zu stellen, um sachbezogene Kommunikation zu fördern und eine Gesprächsgrundlage zu schaffen. Außerdem entsprechen die abgefragten Kriterien einem Ausschnitt aus dem Kriterienraster.

Die Schülerinnen und Schüler konnten ihre Partner frei wählen. Aus den 25 an diesem Tag anwesenden Kindern bildeten sich elf Zweierteams und ein Dreierteam. Dies sind überschaubare Gruppengrößen, in denen ein intensiver Austausch möglich wird.

Die Schülerinnen und Schüler sollten zunächst ihre Portfolios mit denen ihrer Partner tauschen und diese gründlich lesen. Dies ist notwendig, um eine fundierte Einschätzung abgeben zu können. Anschließend erhielten die Schülerinnen und Schüler den Reflexionsbogen. Darauf sollten sie auf einer einfachen Skala Ordnungskriterien einschätzen sowie zwei vorgegebene und einen selbst gewählten Portfoliobeitrag bewerten. Dabei sind die Fragestellungen bewusst offen gehalten, damit die Schülerinnen und Schüler das benennen können, was ihnen wichtig ist. In einem abschließenden kurzen Gespräch konnten Rückfragen geklärt werden.

Da das Arbeitstempo der Schülerinnen und Schüler sehr unterschiedlich ist, entschied ich mich, zu Beginn der Stunde den Ablauf in einem Tafelanschrieb festzuhalten, auch wenn er sehr lang war. So konnten die Schülerinnen und Schüler jederzeit nachsehen, was sie als nächstes zu tun hatten.

Ablauf der Sequenz

Zu Beginn der Unterrichtsstunde schrieb ich eine Übersicht über den Ablauf der Stunde an die Tafel und stellte ihn mündlich vor. Der Tafelanschrieb sah so aus:

Ablauf heute

1. Portfolio mit Partner tauschen
2. Portfolio des Partners lesen
3. Portfolio des Partners auf AB reflektieren
4. Reflexion des Partners lesen und darüber sprechen

-----

5. PA: AB „Aufgaben aus dem Alltag“ ausfüllen
6. Mind. 2 eigene Aufgaben malen, evtl. HA

* AH S. 54 Nr. 1-2

Die Schülerinnen und Schüler folgten der angeschriebenen Reihenfolge.

Analyse der Sequenz

Zu Beginn der Stunde musste der lange Tafelanschrieb erst einmal Stück für Stück erklärt werden. Nach anfänglicher Unruhe bei der Partnersuche und dem Austausch der Portfolios ließen sich die Schülerinnen und Schüler neugierig auf das Lesen der Partner-Portfolios ein. Die vier Schüler, die noch immer keinen Hefter für ihr Portfolio mitgebracht hatten und ihre Portfoliobeiträge in einer meiner Klarsichtfolien sammelten, sahen nun noch einmal deutlich den Vorteil eines Hefters. Immerhin brachten zwei von ihnen in folgenden Stunden den lange eingeforderten Hefter für ihr Portfolio mit.

Die Einschätzungen und Kommentare der Schülerinnen und Schüler sind durchgängig sachlich und überwiegend positiv, sicherlich auch deshalb, weil sie ihre Freunde als Tauschpartner gewählt haben. Nur in zwei Fällen wurde die letzte Spalte der Tabelle angekreuzt, beide Male bei dem Item „Jeder Beitrag hat eine Reflexion", und dies auch zu Recht, da die betreffenden Schüler noch keine Reflexionen verfasst hatten.

Hinweise zum Portfolio

Ich bin Jennifer und lese das Portfolio von Anna-Lena.

	☺	😐	☹
Das Portfolio ist sauber und ordentlich.		X	
Jeder Beitrag steht auf einem neuen Blatt.	X		
Jeder Beitrag hat eine passende Überschrift.	X		
Jeder Beitrag hat eine Reflexion.		X	

Zu deinem Beitrag „KiBa" möchte ich dir sagen:

Dein Beitrag zum „Kiba" mixen ist gut.

Zu deinem Beitrag Kreis teilen möchte ich dir sagen:

es ist gut und deine Reflexion ist auch gut erklärt.

Zu deinem Beitrag „Stammbruch" möchte ich dir sagen:

Du hast es gut verstanden das sieht man an deinem Beitrag.

Die Kommentare beziehen sich häufig auch auf eine ordentliche Arbeitsweise. Sicherlich ist dies durch die Items in der Tabelle nahe liegend. Interessant finde ich die Verweise auf Regeln, die die Schülerinnen und Schüler einfügen.

So bemängelt z.B. Oliver in Fares´ Portfolio „Das was du geschrieben hast, waren keine drei Sätze." Diese Mindestanzahl an Sätzen hatte ich in der entsprechenden Aufgabe vorgegeben. Und Anna-Lena schreibt zu Ginas Portfolio:„Du hast es gut verstanden, aber du hättest nur zwei Beispiele gebraucht". Dieses Einfordern der Regeleinhaltung zeigt mir, dass die Schülerinnen und Schüler sie akzeptieren und ihren Teil der Verantwortung übernommen haben.

Insgesamt finde ich die gegenseitige Bewertung gelungen und hilfreich, da die Schülerinnen und Schüler sich sehr gut auf die Portfolios ihrer Partner eingelassen haben. Was mir allerdings neben dem kurzen Auswertungsgespräch noch fehlt, sind tatsächliche Reaktionen auf diese Kommentare. Mir ist nicht bekannt, dass ein Schüler oder eine Schülerin ihr Portfolio daraufhin noch einmal verbessert oder sonst wie verändert/ergänzt hätte. Dies hätte ebenfalls angeregt werden müssen. Kontraproduktiv war dabei sicherlich die drohende Hausaufgabe, wenn Punkt 6 des Tafelanschriebs nicht in der Unterrichtsstunde geschafft wurde.

Daher fiel Punkt 4, „Reflexion des Partners lesen und besprechen" zu knapp aus, er beschränkte sich bei den meisten Paaren auf ein kurzes Lesen der Kommentare des Partners und danach dem Übergang zum nächsten Punkt. Hier hätte noch eine Konsequenz aus den Kommentaren erfolgen müssen. Geeigneter wäre aus meiner Sicht die Hausaufgabe, kritisierte Punkte zu überarbeiten und dem Partner in der nächsten Stunde erneut vorzulegen.

4.5.3 Portfolio-Beitrag zu Brüchen am Zahlenstrahl

Die beschriebene Unterrichtsstunde ist die 8. Unterrichtsstunde in der Unterrichtseinheit „Darstellen von Brüchen". Diese Unterrichtsstunde widmete sich der Darstellung von Brüchen am Zahlenstrahl und damit dem Maßzahl-Aspekt.

Methodisch-didaktische Begründung der Inhalte der Unterrichtsstunde
Zu Beginn der Unterrichtsstunde hielten zwei Schülerinnen vorn gut sichtbar eine von mir vorbereitete Wäscheleine. An dieser hingen Zahlenkarten mit den Beschriftungen 0 (ganz links) und 1 (ganz rechts) an Wäscheklammern, dazwischen waren 20 gleich große Unterteilungen mit Wäscheklammern markiert.
Schon in der Pause vor der Unterrichtsstunde wurde der Zahlenstrahl im Klassenraum hochgehalten und einige Schüler betrachteten ihn genauer. Mit der Wäscheleine sollte der Zugang zum Zahlenstrahl möglichst anschaulich und greifbar gestaltet werden.
Mit der Zuordnung weiterer Bruchkärtchen zu der richtigen Stelle am Zahlenstrahl wurde auf vertraute Handlungen aus dem Bereich der natürlichen Zahlen zurückgegriffen. Damit knüpfte ich an bereits bekannte Darstellungen und Handlungen an, um die Aufnahme neuen Wissens zu erleichtern, wie in Kapitel 3.2 „Lernen, Lernwege und Motivation" beschrieben. Dieser gemeinsame Einstieg war mir wichtig, um grobe Missverständnisse gleich auszuschließen. Die handelnde Tätigkeit sollte außerdem, wie von Bruner gefordert, zu Beginn stehen (vgl. Kapitel 3.1„Entwicklungspsychologische Grundlagen").
Das Erhalten eines Kärtchens zum Anhängen an die passende Stelle sollte die Motivation erhöhen, denn es gab den Schülerinnen und Schülern Gelegenheit, von ihrem Platz aufzustehen und etwas vorzumachen.

Die ikonische Ebene wurde dann anschließend auf einem Arbeitsblatt (siehe unten) bedient. Dies sollte in Einzelarbeit ausgefüllt werden, damit jedes Kind sich auf sein eigenes Verständnis konzentrieren konnte.
Für das Arbeitsblatt orientierte ich mich an einer Vorlage aus dem Ordner „Fördermaterialien Mathematik"[43]. Davon übernahm ich aber nur die geschlossenen Aufgaben 1 und 2 und veränderte die Aufgabe 2 so, dass ein Lösungswort entstand. Ein Lösungswort dient der Selbstkontrolle und erhöht die Motivation der Schülerinnen und Schüler, die Aufgabe richtig zu lösen.
Aufgaben 3 und 4 entwarf ich selbst, da auf der Arbeitsblattvorlage zwei weitere geschlossene Aufgaben vorgesehen waren. Mir sind selbstdifferenzierende Aufgaben bei der Portfolioarbeit besonders wichtig, damit wirklich individuelle Portfolios entstehen und jedes Kind auf seinem Niveau arbeiten kann.

[43] Fördermaterialien Mathematik 5/6, o.A., Berlin 2010, S. 263

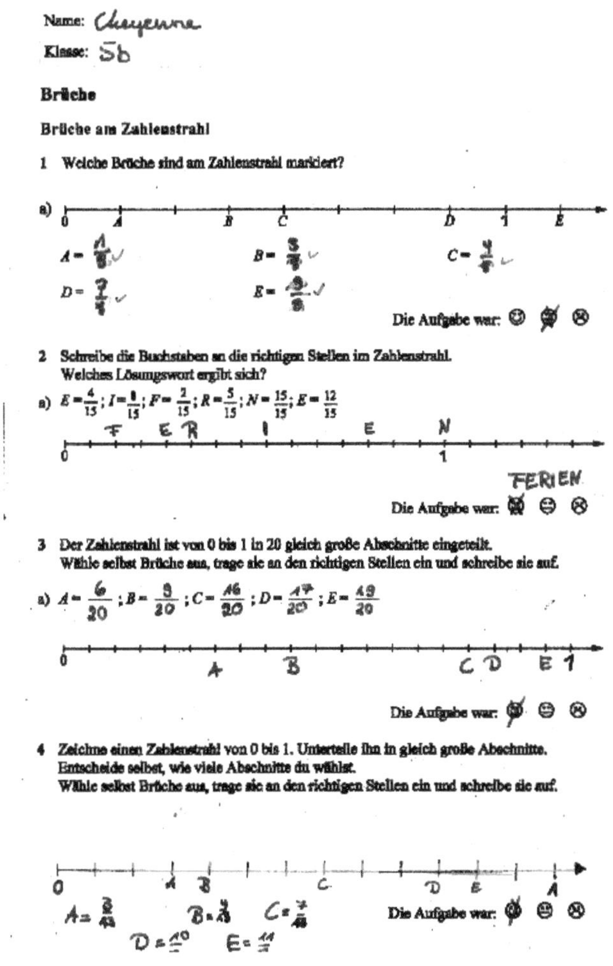
Name: Cheyenne
Klasse: 5b

Brüche

Brüche am Zahlenstrahl

1 Welche Brüche sind am Zahlenstrahl markiert?

a) A = $\frac{1}{8}$; B = $\frac{3}{8}$; C = $\frac{4}{8}$; D = $\frac{7}{8}$; E = $\frac{9}{8}$

Die Aufgabe war: ☺ 😐 ☹

2 Schreibe die Buchstaben an die richtigen Stellen im Zahlenstrahl. Welches Lösungswort ergibt sich?

a) $E = \frac{4}{15}$; $I = \frac{8}{15}$; $F = \frac{2}{15}$; $R = \frac{5}{15}$; $N = \frac{15}{15}$; $E = \frac{12}{15}$

FERIEN

Die Aufgabe war: ☺ 😐 ☹

3 Der Zahlenstrahl ist von 0 bis 1 in 20 gleich große Abschnitte eingeteilt. Wähle selbst Brüche aus, trage sie an den richtigen Stellen ein und schreibe sie auf.

a) $A = \frac{6}{20}$; $B = \frac{9}{20}$; $C = \frac{16}{20}$; $D = \frac{17}{20}$; $E = \frac{19}{20}$

Die Aufgabe war: ☺ 😐 ☹

4 Zeichne einen Zahlenstrahl von 0 bis 1. Unterteile ihn in gleich große Abschnitte. Entscheide selbst, wie viele Abschnitte du wählst. Wähle selbst Brüche aus, trage sie an den richtigen Stellen ein und schreibe sie auf.

Die Aufgabe war: ☺ 😐 ☹

Ablauf der Unterrichtsstunde

Die Wäscheleine als Zahlenstrahl wurde vorn gehalten. Ich hielt nacheinander Karten hoch mit den gut sichtbaren Brüchen $\frac{1}{20}$; $\frac{5}{20}$; $\frac{7}{20}$; $\frac{12}{20}$; $\frac{18}{20}$; $\frac{20}{20}$; $\frac{1}{2}$; $\frac{1}{4}$; $\frac{3}{4}$; $\frac{1}{5}$; $\frac{3}{5}$ und $\frac{5}{5}$.

Nachdem diese durch die Schülerinnen und Schüler passend angehängt wurden, ließ ich das Arbeitsblatt zum Eintragen von Brüchen am Zahlenstrahl und zum Zeichnen eines Zahlenstrahls austeilen. Die Schülerinnen und Schüler bearbeiteten dies in Einzelarbeit.

Nach etwa sieben Minuten unterbrach ich die Einzelarbeit und ließ die Ergebnisse von Aufgabe 1 und 2 vorlesen und vergleichen. Danach konnte ich mich den Schülern widmen, die dort noch Unklarheiten hatten, während der Rest der Klasse die weiteren Aufgaben bearbeitete.

Am Ende der Stunde ließ ich die Blätter hoch halten, um eine kurze Sichtkontrolle zur Erledigung der Aufgaben vornehmen zu können. Ich machte darauf aufmerksam, dass die Schwierigkeit der Aufgabe mit dem Ankreuzen der Smileys bewertet werden sollte. Einige Schüler holten dies noch nach. Danach konnten die Blätter als Portfoliobeitrag eingeheftet werden.

Analyse der Sequenz

Bei der Arbeit mit dem Zahlenstrahl fiel es den Schülerinnen und Schülern nach den ersten Beispielen leicht, die Brüche mit dem Nenner 20 an den richtigen Platz zu heften. Teilweise korrigierten sie sich gegenseitig. Doch bei dem Bruch $\frac{20}{20}$ wurde der Schüler unsicher, der die Karte aufhängen wollte. Zunächst hängte er sie an die Stelle von $\frac{19}{20}$, daraufhin leitete ich an, dass er gemeinsam mit der Klasse am Zahlenstrahl in 20steln nachzählte: $\frac{1}{20}$; $\frac{2}{20}$; $\frac{3}{20}$;... $\frac{20}{20}$. Daraufhin ergab sich also, dass diese Karte genau am Platz der 1 hängen musste. Die Schülerinnen und Schüler waren unsicher, ob sie eine Zahl mit einer anderen überdecken dürfen. Genau dies ist ein zentraler Unterschied von gebrochenen zu natürlichen Zahlen: Bei gebrochenen Zahlen kann ein Platz am Zahlenstrahl auf unendlich viele verschiedene Arten bezeichnet werden. Genau aus diesem Grund hatte ich auch die Karte $\frac{5}{5}$ hergestellt. Diese wurde schon selbstbewusster über die $\frac{20}{20}$-Karte gehängt.

Die Karte $\frac{1}{2}$ trauten sich noch viele Schülerinnen und Schüler zu, richtig aufzuhängen. Schwierig war nun, dass der Zahlenstrahl weiterhin in 20stel eingeteilt blieb, aber auch Viertel und Fünftel an die [illegible] dieser Stelle trotz meiner Bemühungen und der Erklärungen ihrer Klassenkameraden am Zahlenstrahl nicht, wie man $\frac{1}{4}$ oder $\frac{1}{5}$ an einer Strecke findet, die in 20stel geteilt ist.

Wenn ich die Unterrichtsstunde wiederholen könnte, hätte ich an dieser Stelle differenziert:

- für die schnelleren Schüler eine grafische Darstellung mit Zahlenstrahlen mit Unterteilungen in 20stel, an denen auch Viertel und Fünftel eingetragen werden, um die komplexen Zusammenhänge zeigen zu können
- für die schwächeren Schüler eine neue Wäscheleine mit Vierteln und eine mit Fünfteln.

Dies hätte ausgereicht, denn das Ziel der Stunde war die Orientierung am Zahlenstrahl mit Einteilungen < 1 und nicht die Zusammenhänge von Vierteln und Fünfteln mit Zwanzigsteln.

Bei der Bearbeitung des Arbeitsblattes ergaben sich in Aufgabe 1 viele Rückfragen bezüglich der Position des Buchstabens E (vgl. Arbeitsblatt, siehe oben). Unechte Brüche, also Brüche > 1, waren bisher nicht thematisiert worden. Einige Schüler lösten die Aufgabe, indem sie ganz richtig die Anteile weiter zählten, also nach $\frac{1}{8}$; $\frac{2}{8}$;... $\frac{8}{8} = 1$ einfach $\frac{9}{8}$ schrieben.

Bei der Besprechung der ersten und zweiten Aufgabe ließ ich einen Schüler, der die Lösung schon gefunden hatte, seine Zählweise vorstellen und bestätigte die Richtigkeit. Die unechten Brüche wollte ich an dieser Stelle noch nicht näher thematisieren, um das Ziel der Stunde nicht auszuweiten und verwendete daher auch noch nicht diesen Fachausdruck.

Zu den Aufgaben 3 und 4 auf dem Arbeitsblatt möchte ich Niveaustufen definieren und untersuchen, wie viele der 20 Schülerinnen und Schüler, die in dieser Stunde anwesend waren, auf welcher Niveaustufe sind. Daran kann ich den Lernzuwachs erkennen.

In Aufgabe 3 dürfen die Schülerinnen und Schüler an einem Zahlenstrahl mit Unterteilungen in Zwanzigstel eigene Brüche auswählen und sie an die richtigen Stellen schreiben. Damit wird den Schülern ermöglicht, nach dem eigenen Können Brüche auszuwählen. Die Aufgabe kann auf verschiedenen Niveaustufen gelöst werden.

Aufgabe 3

Niveaustufe	Anzahl der Schülerinnen und Schüler
1: Fügt Brüche $<\frac{20}{20}$ mit dem Nenner 20 ein	13
2: Fügt den Bruch $\frac{20}{20}$ und/oder $\frac{1}{2}$ ein	3
3: Fügt Brüche mit anderen Nennern wie beispielsweise 4 oder 5 ein oder Brüche > 1 wie $\frac{21}{20}$	4

Die Schüler sind also alle in der Lage, die Unterteilungen eines Zahlenstrahls mit passenden Brüchen zu versehen. Dabei verweilen die meisten lieber in sicheren Bezeichnungen mit dem Nenner, der der Anzahl der Unterteilungen entspricht.

Aufgabe 4

Niveaustufe	Anzahl der Schülerinnen und Schüler
0: Lässt die Aufgabe aus	5
1: Zeichnet einen Zahlenstrahl aus den Aufgaben 1-3 ab	4
2: Findet eine eigene Unterteilung und schreibt daran Brüche mit immer dem gleichen Nenner	11
3: Findet eine eigene Unterteilung und gibt daran Brüche mit verschiedenen Nennern an	0

Die meisten Schülerinnen und Schüler waren also in der Lage, einen Zahlenstrahl mit Unterteilungen < 1 zu zeichnen und daran Brüche einzutragen. Sicherlich ist das Eintragen von Brüchen mit verschiedenen Nennern noch zu schwierig und wird in einer späteren Unterrichtseinheit geleistet. Ein Schüler hat ein Rätsel mit Lösungswort (sein Lieblingstier: „Bartgeier") entworfen nach Vorbild von Aufgabe 2.

Insgesamt denke ich, dass die Schülerinnen und Schüler einen ersten Einblick in die Darstellung von Brüchen am Zahlenstrahl erhalten haben. Dieses Thema sollte in folgenden Unterrichtseinheiten wieder aufgegriffen werden, da der Größenvergleich von (gleichnamigen wie ungleichnamigen) Brüchen am Zahlenstrahl gut veranschaulicht werden kann. Eine gute Grundlage ist dazu gelegt. Außerdem sollte die Erkenntnis, dass eine Stelle mit verschiedenen Zahlen benannt werden kann, beim Kürzen und Erweitern von Bruchzahlen wieder aufgegriffen werden.

5 Kriteriengeleitete Auswertung der Unterrichtseinheit „Darstellen von Brüchen“

Wie in der Einleitung benannt, möchte ich anhand von fünf Kriterien untersuchen, ob sich die Arbeit mit dem Portfolio dazu eignet, Bruchvorstellungen zu entwickeln. Daher gehe ich in diesem Kapitel auf jedes Kriterium genauer ein und lege dar, inwieweit es erfüllt ist.

5.1 Lernzuwachs

Erhebung der Lernausgangslage zu Beginn und zum Ende der Unterrichtseinheit
Zur Erhebung der Lernausgangslage stütze ich mich auf einen passenden Test von Padberg[44]. Dieser ist allerdings sehr umfangreich. Daher habe ich jedes Item seines Tests analysiert und verzichte auf jene, die gleiche Inhalte abfragen sowie größtenteils auf die Inhalte, die nicht Thema dieser Unterrichtseinheit sind. Ich bin mir bewusst, dass dies kein Testdesign ist, welches Ansprüchen an Reliabilität, Objektivität und Validität standhält. Trotzdem hilft es mir bei der Einschätzung meiner Lerngruppe sowohl vor als auch nach Durchführung meiner Unterrichtseinheit, da alle relevanten Bruchzahlaspekte und vielfältige Operationen mit Bruchzahlen abgefragt werden.

Für die Durchführung der Lernausgangslage gab ich jeweils eine Schulstunde (40 Min) lang Zeit. 22 Schülerinnen und Schüler nahmen an der Erhebung der Lernausgangslage zu Beginn der Unterrichtseinheit teil; alle 26 Schülerinnen und Schüler am Ende der Unterrichtseinheit.

Ergebnisse der Lernausgangslage
Die folgende Tabelle gibt Auskunft über die Inhalte der Items und das Abschneiden der Schülerinnen und Schüler. Getrennt nach 1. und 2. Durchgang kann man sehen, wie viele Schülerinnen und Schüler die Frage jeweils bearbeitet haben und wie viele dieser Antworten richtig waren. Meine deutlich detailliertere Auswertung als Excel-Tabelle habe ich aus Platzgründen nicht eingefügt, sie dient aber als Grundlage meiner Auswertung.

[44] „Anschauliche Vorerfahrungen zum Bruchzahlbegriff und zu einfachen Rechenoperationen mit Brüchen in Modellierungskontexten“, www.bruchrechenunterricht.de, Abruf am 22.4.2011

Übersicht über die Inhalte der Lernausgangslage und das Antwortverhalten der Schülerinnen und Schüler
Fett: Prozentsatz der richtigen Antworten > 50 %

		1. Durchgang, *n* = 22			**2. Durchgang, *n* =26**		
Item	**Inhalt**	**Antworten**	**davon richtig**	**insgesamt richtige Antworten in %**	**Antworten**	**davon richtig**	**insgesamt richtige Antworten in %**
1	Lesen einer Bruchzahl	22	14	**63 %**	26	25	**96 %**
2	Brüche als Maßzahlen aus dem Alltagsgebrauch (Zeit)	21	20	**91 %**	26	25	**96 %**
3	Brüche als Maßzahlen aus dem Alltagsgebrauch (Zeit)	22	17	**77 %**	25	24	**92 %**
4	Brüche als Maßzahlen aus dem Alltagsgebrauch (Längen)	17	13	**59 %**	24	23	**88 %**
5	Brüche als Teile eines Ganzen	22	4	18 %	26	22	**85 %**
6	Brüche am Zahlenstrahl	6	1	5 %	13	9	35 %
7	Eigene Darstellung des Bruchs „ein Viertel“	9	9	41 %	25	23	**88 %**
8	Anteil in einer Darstellung färben	17	7	32 %	26	23	**88 %**
9	Gefärbten Bruchteil aus einer Darstellung ablesen	8	6	27 %	26	23	**88 %**
10	Brüche als Verhältnisse (Zeichnung)	20	14	**64 %**	26	23	**88 %**
11	Brüche in Worten erklärt	21	14	**64 %**	26	17	**65 %**
12	Erweitern und Kürzen von Brüchen in einer Sachsituation	21	9	41 %	26	16	**62 %**
13	Erweitern und Kürzen von Brüchen in einer Darstellung	12	2	9 %	25	19	**73 %**
14	Brüche vergleichen	15	8	36 %	24	17	**71 %**
15	Addition von Brüchen	19	6	27 %	26	15	**58 %**
16	Subtraktion von Brüchen	15	6	27 %	17	10	38 %
17	Unechte Brüche	18	4	18 %	21	7	27 %
18	Was ist ein Bruch?	6	5	23 %	14	12	38 %

Interessant war die Beantwortung des Items 7, „Male ein Bild, das die Bruchzahl ein Viertel darstellt.“ Im ersten Durchgang beantworteten nur neun Schülerinnen und Schüler dieses Item, sie zeichneten folgende, passende Darstellungen:

- 3 x Rechteckanteil,
- 2 x Zahlenstrahl,
- 2 x Kreisanteil,
- 1 x Bruchzahl,
- 1 x Uhr

Im zweiten Durchgang zeichneten alle 26 Schülerinnen und Schüler eine Antwort, darunter

- 6 x Kreis,
- 6 x Rechteck, darunter 1 x mit ungleichmäßigen Feldern,
- 4 x Zahlenstrahl, darunter 1 x mit falscher Längeneinteilung,
- 3 x Quadrat,
- 2 x Perlen,
- Luftballons,
- Lollis,
- Dreiecke,
- Sterne,
- Smileys

Die im zweiten Durchgang deutlich größere Vielfalt in den Darstellungsformen führe ich zurück auf die vielen unterschiedlichen Darstellungsweisen in den Übungen, die die Schülerinnen und Schüler im Verlauf der Unterrichtseinheit absolviert haben.

Einige Antworten waren besonders interessant.
Es gab zum Beispiel sehr gute Einsichten wie hier im 2. Durchgang:

12. Pizzabäckerei Caruso und Pizzabäckerei Donato backen gleich große runde Pizzen.
Pizzabäckerei Caruso teilt ihre Pizzen in 6 gleich große Teile.
Anja kauft davon [illegible] Teile.
Pizzabäckerei Donato teilt ihre Pizzen in 8 gleich große Teile.
Bernd kauft davon 4 Teile.
Wer hat mehr Pizza bekommen? Denke nach oder zeichne und kreuze dann an!

(im Original war hier mehr Platz für eine Zeichnung)

O Anja O Bernd ⊗ beide gleich viel O ich weiß es nicht

Begründe deine Antwort: Beide Kinder kaufen die Hälfte der Pizza. Das heißt dass sie eigentlich gleich viel haben.

Überraschend war zunächst für mich diese Antwort einer Schülerin aus dem 2. Durchgang:

18. Was ist ein Bruch? Schreibe oder zeichne.

Ein Mathematisches Gerät.

Doch mit Geräten hantiert man, geht man um, stellt etwas her - all das konnte die Schülerin mit Brüchen tun, vielleicht ist daher „Gerät" für sie ein nahe liegender Ausdruck.

Besonders die Darstellung am Zahlenstrahl (Item 6) scheint noch auf große Schwierigkeiten zu stoßen, was mich verwundert, da diese Darstellung von den natürlichen Zahlen bereits bekannt ist. Die Unterteilung in immer andere gleich große Bruchteile scheint hier Schwierigkeiten zu bereiten.
Die Auswertung der Lernausgangslage gibt mir damit wertvolle Hinweise auf die Schwerpunkte bei der Weiterführung des Themas „Gebrochene Zahlen“ im folgenden Schuljahr.

Im 1. Durchgang der Erhebung der Lernausgangslage wurden im Schnitt 72 % der 18 Fragen beantwortet, im 2. Durchgang konnte dies gesteigert werden auf 90 %. Nach der Unterrichtseinheit haben sich die Schülerinnen und Schüler also sicherer gefühlt.
Auch die Richtigkeit der Antworten konnte erhöht werden. Im 1. Durchgang wurden durchschnittlich 40 % Fragen richtig beantwortet, im 2. Durchgang wurde dies gesteigert auf durchschnittlich 71 %. Dabei muss berücksichtigt werden, dass nicht alle Inhalte des Lernausgangslage-Tests auch Inhalt der Unterrichtseinheit waren, dies betrifft die Items 12, 13, 15 und 16. Nimmt man sie jeweils aus der Bewertung heraus, gab es vom 1. zum 2. Durchgang eine Steigerung der richtigen Antworten von 44 % auf 75 %. Damit bestätigt sich in meinen Augen ein Lernzuwachs durch die Unterrichtseinheit.

5.2 Erkennen und Verwenden verschiedener Darstellungsformen

Auf den in dieser Unterrichtseinheit eingesetzten Arbeitsblättern sind bewusst viele unterschiedliche Formen und Figuren für die Darstellung von Brüchen verwendet worden. Dies ist mir wichtig, damit nicht Brüche immer nur als Anteile von Kreisen oder Rechtecken verstanden werden, sondern sich ein Bruchbegriff entwickeln kann, der losgelöst von der aktuellen Darstellungsform existiert (vgl. dazu Kapitel 4.3.3 „Bruchvorstellungen und Begriffsbildung“).

Als Hausaufgabe sollten die Schülerinnen und Schüler selbst kreative Möglichkeiten der Darstellung von Brüchen finden. Als Anregung erhielten sie von mir ein Arbeitsblatt mit Darstellungen von Äpfeln der Anteil der Äpfel mit Wurm sollte als Bruch angegeben werden. Eine andere Darstellung zeigte ein Nest mit Eiern, der Anteil der geschlüpften Küken sollte als Bruch angegeben werden. Die Aufgaben auf dem Arbeitsblatt wurden von allen 24 in dieser Stunde anwesenden Schülerinnen und Schülern richtig gelöst.
Die Darstellungsformen der Schülerinnen und Schüler waren danach mindestens genauso fantasievoll: in verschiedenen Farben gemalte Sonnen, Blumen, Stifte, Basketbälle, Schokoladentafeln, Eis, Herzen, saubere und dreckige Teller, Fußbälle im Tor und daneben,...
Dabei habe ich die Beobachtung gemacht, dass gerade in Mathematik sonst eher schwache Schülerinnen und Schüler diese Aufgabe sehr engagiert bearbeitet haben. Einige von ihnen haben über das geforderte Maß von zwei Aufgaben hinaus gearbeitet.

Die Schülerinnen und Schüler erkennen und verwenden also nachweislich unterschiedliche Darstellungsformen für Brüche.

5.3 Für das Lernen Verantwortung übernehmen und Motivation entwickeln

Etwa zur Hälfte der Unterrichtseinheit sammelte ich die Portfolios aller Schülerinnen und Schüler ein. Damit verfolgte ich mehrere Ziele:

- Möglichkeit der Wechselwirkung zwischen Beiträgen der Schüler und Inhalten des Unterrichts schaffen (vgl. Kapitel 2.3.1 „Einbettung des Portfolios in den Unterricht“)
- individuelle Rückmeldungen geben, wie in der Literatur gefordert (vgl. Kapitel 2.3.3 „Phasen der Portfolioarbeit“)
- die Schüler an ihre Verantwortung für ihr Portfolio erinnern

Bei der Durchsicht der Portfolios gab ich jedem Schüler eine individuelle, schriftliche Rückmeldung. Dabei ging ich auf bestehende Missverständnisse ein und erteilte Aufträge zur Überarbeitung. Es war mir wichtig, jede Rückmeldung zunächst mit einem individuellen Lob zu beginnen, um zu zeigen, dass ich auch die gelungenen Beiträge würdige.
Beispiele für meine Rückmeldungen:

„Hinweise zum Portfolio
von Celine

Dein Portfolio ist sehr ordentlich geführt. Die Einträge „Der teilbare Kreis" und „Mischungen von KiBa" sind dir sehr gut gelungen.

Zum Lernbuffet am Dienstag hast du zwei bearbeitete Blätter eingeheftet. Am Blatt „Das kann ich schon: Brüche" kann ich in Nr. 3 erkennen, dass wir uns missverstanden haben:
Es sind nicht immer Achtel! Nur wenn etwas in 8 gleich große Teile geteilt ist, sprechen wir von Achteln. Nr. 3 b ist in 9 gleich große Teile geteilt. Daher sind es „neun Neuntel", als Bruch schreibt man das $\frac{9}{9}$. Nr. 3 c sind 6 Teile, also $\frac{6}{6}$ usw. Bitte verbessere die ganze Nr. 3 auf dem Arbeitsblatt.

Zu einem Blatt hast du schon eine Reflexion geschrieben, klasse. Denke auch für den anderen Eintrag noch daran. Schreibe jedes Mal *mindestens zwei Sätze*, zum Beispiel:
- Die Aufgabe fand ich..., weil...
- Neu gelernt habe ich, dass...
- Noch nicht verstanden habe ich...

Schau beim Blatt „Lebensmittel aufteilen" bitte noch mal nach, ob du die Überschrift eingetragen hast und ob der Kuchen in Aufgabe 1 wirklich gerecht geteilt wurde."

Anschließend gab ich den Schülerinnen und Schülern fünf Tage Zeit, das Portfolio entsprechend der Hinweise als Hausaufgabe zu überarbeiten.
Leider stellte sich beim erneuten Einsammeln der Portfolios am Ende der Unterrichtseinheit heraus, dass diese Aufgabe nicht zu meiner Zufriedenheit erfüllt wurde. Die Ergebnisse der Aufgaben wurden in der Regel verbessert, aber die Reflexionen wurden trotz der Hilfestellung mit den Satzanfängen kaum ergänzt.
Die Überarbeitung bereits abgehefteter Beiträge ist in den meisten Fächern nie Inhalt des Unterrichts, meistens verschwinden abgeheftete Beiträge einfach in den Ordnern und werden höchstens noch mit „richtig" oder „falsch" versehen. Doch letztlich fehlt damit die Auseinandersetzung mit dem Stoff und damit mit dem eigenen Lernprozess. Dies ist mir aber im Sinne nachhaltiger Lernerfolge besonders wichtig. Daher werde ich die Überarbeitung von Produkten auch in nachfolgenden Unterrichtseinheiten immer wieder einfordern.

Um von den Schülerinnen und Schülern zu erfahren, wie sie die Arbeit am Portfolio bewerten, habe ich ihnen in der letzten Stunde der Unterrichtseinheit folgende Fragen auf einem Rückmeldebogen vorgelegt:

- Insgesamt fand ich die Arbeit am Portfolio: ☺ 😐 ☹

  , weil es viel spaß gemacht hat was zu lernen und das ist [illegible]

- Ich würde gern später noch einmal mit einem Portfolio arbeiten: ☺ 😐 ☹

- Am besten fand ich an der Unterrichtsreihe „Portfolio zum Thema Brüche“:

  das ich was gelernt habe ☺

- Nicht so gut gefallen hat mir an der Unterrichtsreihe „Portfolio zum Thema Brüche“:

  [illegible] ☹

Insgesamt haben die Schülerinnen und Schüler wie folgt geantwortet:

	☺	😐	☹
Insgesamt fand ich die Arbeit am Portfolio:	16	5	0
Ich würde später gern noch einmal mit einem Portfolio arbeiten:	15	5	0

Leider haben nicht alle Schüler die Rückmeldung ausgefüllt, aber die Stimmung ist doch überwiegend positiv und zufrieden und sogar mit einer Wiederholung der Arbeit am Portfolio wären 20 von 26 Schülern zumindest einverstanden.

Die Verantwortung für das eigene Lernen zu übernehmen ist ein Prozess. Meine Schülerinnen und Schüler sind auf dem Weg. Die Arbeit am Portfolio halte ich in hohem Maße für geeignet, dies weiter zu fördern.

5.4 Individualisiertes Arbeiten

An vielen Stellen gab es die Gelegenheit, in der Auswahl von Aufgaben in Lernbuffets und im Stationenlernen oder durch selbstdifferenzierende Aufgaben, individualisiert zu arbeiten. Einige Beispiele möchte ich hier genauer vorstellen.

- *Individuelle Auswahl von Inhalten im Stationenlernen*
  In der Unterrichtseinheit habe ich ein Stationenlernen zu Beginn zur Verfügung gestellt, um vielfältige Handlungsweisen wie falten, schneiden, legen, malen und zerteilen zu ermöglichen. Die Schülerinnen und Schüler konnten unter den Aufgaben diejenigen auswählen, die ihnen am meisten lagen. Auf Kärtchen an den Stationen konnten sie lesen, welche Tätigkeit im Vordergrund stand. Sie mussten nicht alle Stationen schaffen, sollten aber mindestens ein gelungenes Arbeitsblatt für ihr Portfolio auswählen und mit einer Reflexion versehen.
- *Individuelle Auswahl von Inhalten am Lernbuffet*
  An zwei Stellen habe ich Lernbuffets eingesetzt: Zur Übung im Umgang mit unechten Brüchen und am Ende der Unterrichtseinheit zur Wiederholung und Übung der gesamten Inhalte.

Dabei habe ich einzelnen Schülerinnen und Schülern Pflichtaufgaben erteilt, wenn sie auf einem speziellen Niveau üben oder eine bestimmte Erklärung nachlesen sollten.

- *Selbstdifferenzierende Aufgaben*
  Diesen Aufgabentypus habe ich bevorzugt eingesetzt, um alle Schülerinnen und Schüler am gleichen Gegenstand, aber auf unterschiedlichen Niveaustufen arbeiten zu lassen. Dazu habe ich in der Regel Aufgaben selbst formuliert, denn im vorhandenen Material überwogen die geschlossenen Aufgabenformen. Beispiele für diese selbstdifferenzierenden Aufgaben sind:
    - „Wähle einen Stammbruch aus und zeichne ihn in unterschiedlichen Darstellungen auf ein Blatt Papier."
    - „Zeichne eigene Aufgaben zu Brüchen."
    - „Der Zahlenstrahl ist von 0 bis 1 in 20 gleiche Abschnitte eingeteilt. Wähle selbst Brüche aus, trage sie an den richtigen Stellen ein und schreibe sie auf."
    - „Zeichne einen Zahlenstrahl von 0 bis 1. Unterteile ihn in gleich große Abschnitte. Entscheide selbst, wie viele Abschnitte du wählst. Wähle selbst Brüche aus, trage sie an den richtigen Stellen ein und schreibe sie auf."
    - „Überlege dir eine Aufgabe mit Anteilen."
    - „Schreibe eigene Umwandlungen von unechten Brüchen zu gemischten Zahlen und umgekehrt auf."

  Dabei war mir wichtig, dass diese Aufgaben immer nach einigen geschlossenen Aufgaben zum gleichen Thema auftraten, damit die Schülerinnen und Schüler zunächst Sicherheit erwerben konnten und weil dadurch eine größere Varietät in den selbst gewählten Niveaustufen ermöglicht wurde. Außerdem hatten sie dadurch Beispiele für mögliche Aufgabentypen vor Augen.
- *Spezielles Material für einzelne Schüler*
  Ausgehend vom Abschneiden in der Lernausgangslage zu Beginn der Unterrichtseinheit habe ich drei Schüler gesondert gefördert.

5.5 Reflexion des Lernprozesses

Zur Reflexion des Lernprozesses habe ich verschiedene Möglichkeiten eingesetzt. Die Vielfalt der Reflexionsmöglichkeiten war mir wichtig, um Abwechslung zu schaffen und damit die Motivation zu behalten und um zu zeigen dass es viele Möglichkeiten gibt, sich mit seinem Lernprozess auseinander zu setzen.

- Ankreuzen von Smileys in verschiedenen Abstufungen
- Ankreuzen von verschiedenen Antwortmöglichkeiten
  Diese beiden Möglichkeiten wurden fast immer angenommen, also von den Schülern ausgefüllt. Wenn die Smileys unterhalb von Aufgaben standen, wurden sie ab und zu übersehen, nach einem Hinweis von mir wurden sie dann aber angekreuzt. Der Vorteil von Ankreuzfeldern ist, dass die Kreuze so gut wie immer gesetzt wurden, der Nachteil ist, dass die Reflexion teilweise sehr oberflächlich abläuft.
- Ergänzen von vorgegebenen Satzanfängen wie z.B. „Was ich dazu sagen kann:..."
- Beantworten von Fragen wie z.B. „Was hast du heute Neues gelernt?"

Diese beiden Möglichkeiten wurden weniger gern angenommen. Oft fragten mich die Schüler, was sie dort schreiben könnten oder wollten einzeln eine Bestätigung, dass ihre Antwort „richtig“ war. Teilweise forderte es sie aber auch dazu heraus, ihre Vorgehensweise zu versprachlichen.

Beispiel: Nachdem die Schüler mehrere Aufgaben des Typs „Eine Strecke ist x cm lang, zeichne $\frac{1}{y}$ davon blau“ gelöst haben, sollten sie diese Reflexion ausfüllen:

Reflexionsbogen zu „Stammbrüche – gemischte Übungen“

In Nr. 1 habe ich 4 von 4 Fragen richtig beantwortet.
In Nr. 2 habe ich 7 von 7 Fragen richtig beantwortet.

Diese Strecke ist 12 cm lang. Zeichne $\frac{1}{4}$ davon blau.

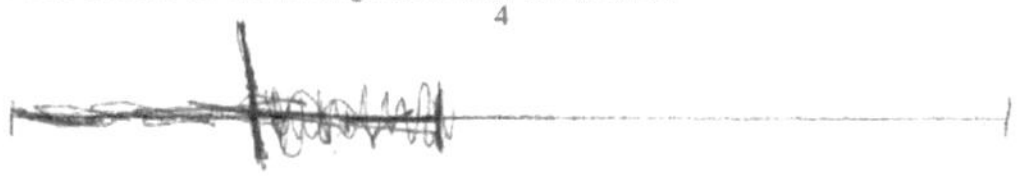

So gehe ich vor:
Ich lege meine Liniale an und messe die Strecke. dann teile ich das Ergebnis durch 4. und Male ein viertel Blau.

Insgesamt wählten sie diese Antworttypen auf die Aufforderung „So gehe ich vor“ (es waren 20 Schüler anwesend:)

Antwort	Anzahl der Schüler
richtige Erklärung in Worten	6
12 cm : 4 = 3 cm	7
richtig eingezeichnet, aber nicht erklärt	4
weder richtig gezeichnet noch erklärt	3

Dies zeigt mir, dass viele Schüler auf dem richtigen Weg zur Reflexion ihrer Lösungswege sind. Daher finde ich es lohnenswert, an diesen beiden Formen der Reflexion zu arbeiten.

- Freie Texte

Diese Reflexionsmöglichkeit fiel den Schülerinnen und Schülern erwartungsgemäß schwer, oft erschöpften sich ihre Antworten in „Aufgabe 1 war leicht, Aufgabe 2 war schwer“, auch wenn ich mir ein Eingehen auf den Inhalt gewünscht hätte. Dies liegt sicher daran, dass es eine hohe Reflexionskompetenz erfordert, seine Gedanken zu versprachlichen und zu bewerten. Ich denke, dass ich dies zumindest angebahnt habe, auch durch die Hilfestellung mit möglichen Satzanfängen in meinen individuellen Hinweisen (vgl. oben die Hinweise für Celine). Einige Schülerinnen und Schüler trauten sich im Verlauf der Arbeit am Portfolio immer mehr zu, eigene Antworten zu formulieren.

Insgesamt denke ich, dass die Reflexionsfähigkeit gefördert wurde
- durch die Zeit, die ich eingeräumt habe, um Reflexionen zu verfassen
- durch mein Eingehen auf die Qualität der Reflexionen bei meinen Hinweisen nach dem Einsammeln der Portfolios
- durch den Stellenwert, den die Reflexionen auch in der Bewertung haben
- durch das Kennenlernen der unterschiedlichen Möglichkeiten für Reflexionen

Es ist auf jeden Fall ein Fortschritt in der Reflexionsfähigkeit erkennbar und dies ist eine Kompetenz, an der ich weiterhin arbeiten möchte, um den Schülerinnen und Schülern ihre eigenen Lernwege bewusst zu machen und dadurch Gelerntes besser zu verankern.

6 Fazit

Ich möchte nun zusammenfassen, welche Aspekte und Erfahrungen meiner Ansicht nach für, welche gegen die Erarbeitung der Bruchvorstellungen mithilfe der Dokumentation von Lernwegen in Portfolios sprechen und damit auf meine Eingangsfrage zurückkommen (vgl. Kapitel 1 „Einleitung“).

Inwieweit eignet sich die Dokumentation von Lernwegen in einem Portfolio für die Entwicklung von Bruchvorstellungen?

Pro

- Der **Lernzuwachs** ist gegeben, denn nach Abschluss der Unterrichtseinheit konnten 23 von 26 Schülern einen Bruch in einer selbst gewählten Form richtig darstellen, einen Bruchanteil einer Darstellung richtig färben und einen gefärbten Anteil an einer Darstellung als Bruch angeben. Insgesamt wurden 71 % der Items der Lernausgangslage richtig beantwortet (wobei nicht alle Items der Lernausgangslage auch Inhalte des Unterrichts waren).
- Die Schülerinnen und Schüler haben **vielfältige Darstellungsformen** von Brüchen erkennen und verwenden können (vgl. Kapitel 5.2 „Erkennen und Verwenden verschiedener Darstellungsformen“), das Portfolio gab ihnen den nötigen Freiraum und die Sicherstellung der Würdigung ihrer Arbeit.
- Die **Verantwortung** für das Lernen wurde gestärkt, da Beiträge zum Portfolio nicht einfach in einer Mappe verschwinden, sondern überarbeitet werden können und später in die Bewertung mit eingehen. Ich bin bereit dazu, meine Rolle als Lehrerin mehr in der einer Lernbegleiterin und Organisatorin zu sehen. An dieser Stelle muss sich nicht nur der Unterricht einer einzelnen Lehrerin, sondern Schule insgesamt weiter verändern. Es ist ein Prozess, zu dem die Arbeit am Portfolio einen wichtigen Beitrag leisten kann.
- Die Schülerinnen und Schüler bestätigten in der Auswertung, dass ihnen die Arbeit an den Bruchvorstellungen mit dem Portfolio Spaß gemacht hat und sie sich eine Wiederholung dieser Arbeitsweise überwiegend wünschen. Also trägt die Arbeit am Portfolio zur Entwicklung der Bruchvorstellung zur **Motivation** bei.
- **Individualisiertes Arbeiten** wurde in der Unterrichtseinheit in hohem Maße umgesetzt. Die Bruchvorstellung jedes Schülers wurde damit auf dem jeweils passenden Niveau geübt und gefördert. Die Arbeit im Portfolio in Verbindung mit einem phasenweise offenen Unterricht ermöglichte dies.

- Die **Reflexion** der Bruchvorstellungen und der Herangehensweise an Lösungen wurde im Portfolio immer wieder gefordert. Die Auseinandersetzung auch mit den Portfolios der Mitschüler führt zu einem vertieften Verständnis der Inhalte, denn diese müssen zunächst durchdrungen werden, bevor eine Bewertung möglich ist. Die Reflexion der Beiträge durch die Schülerinnen und Schüler ist noch nicht immer auf den Inhalt bezogen. An dieser Stelle hat die Arbeit mit dem Portfolio aber bestimmt einen Beitrag zum Prozess, immer besser und tiefer zu reflektieren, geleistet.

Contra

- Die Unterrichtseinheit war für mich als Lehrerin **überdurchschnittlich arbeitsintensiv** aus folgenden Gründen:
  - Wenn man wie ich zum ersten Mal zu einem Thema ein Portfolio einsetzt und das vorhandene Material nicht so selbstdifferenzierend ist, wie es mir wichtig ist, muss sehr viel in aufwändiger Arbeit selbst erstellt werden.
  - Das Kriterienraster muss zu Beginn der Unterrichtseinheit zur Verfügung stehen, um Transparenz zu gewährleisten. Dies erfordert von der Lehrkraft hohe Konzentration und maximale Durchdringung des Ablauf der Unterrichtseinheit vor ihrem Beginn.
  - Auswertung und Bewertung der Portfolios gehen weit über den Aufwand hinaus, der für eine normale Klassenarbeit nötig ist. Jeder Beitrag jeder Schülerin und jedes Schülers wird gelesen, kontrolliert und bewertet und diese Bewertung wird auf dem Kriterienraster nachvollziehbar dokumentiert.
- Wenn Schülerinnen und Schüler in einer Unterrichtsstunde fehlen, aber im Kriterienraster Punkte für die Beiträge aus dieser Stunde vorgesehen sind, muss man dies bei der **Bewertung** berücksichtigen. Ich habe zum Beispiel nach Abschluss der Unterrichtseinheit alle Unterlagen noch einmal zur Verfügung gestellt und den Schülern eine Woche lang Zeit gegeben, in Form einer Hausaufgabe die fehlenden Beiträge nachzuarbeiten.
- Das Auswählen der Beiträge für das Portfolio, das Reflektieren und Einheften erfordert von den Schülerinnen und Schülern einen hohen Grad an **Selbstorganisation**. Obwohl ich die Schülerinnen und Schüler dazu angeleitet habe, wurde beispielsweise das Angebot, eine Woche vor Abgabe noch einmal alle Arbeitsblätter und Materialien zu bekommen und die Portfolios damit zu ergänzen, von den Schülerinnen und Schülern nicht im gewünschten Maße angenommen. Vor allem aufgrund fehlender Beiträge, die ich als Pflichtbeiträge gekennzeichnet hatte, sind die Noten für das Portfolio schlechter ausgefallen, als ich es erwartet hätte:
  Der Durchschnitt liegt bei 3,0; Notenspiegel siehe rechts.

1	2	3	4	5	6
4	2	9	8	1	0

- Die Arbeit am Portfolio stößt an Grenzen, wenn Schüler es einfach wie einen **weiteren Hefter** betrachten. Hier muss vor allem die Lehrkraft vorangehen und ihre Wertschätzung des Portfolios deutlich machen. Dies habe ich durch Einsammeln und schriftliche Hinweise für die einzelnen Portfolios, das Würdigen der als Hausaufgabe erstellten Beiträge, durch die abschließende Benotung, durch den ermöglichten Austausch mit Mitschülern und das Präsentieren im Museumsrundgang zum Abschluss getan.

Da ich die Unterrichtseinheit „Darstellen von Brüchen“ nun bereits mit der Arbeit am Portfolio erarbeitet habe, würde ich sie so mit späteren Schülerjahrgängen erneut (mit kleineren Modifizierungen, siehe Analysen der Unterrichtsbeispiele) durchführen. Ich kann mir auch gut vorstellen, das Portfolio in weiteren Unterrichtseinheiten einzusetzen, da es individualisierendes Lernen ermöglicht, zur Motivation beiträgt und die Reflexionsfähigkeit und Selbstorganisation fördert.

In Beantwortung meiner Ausgangsfrage kann ich zeigen, dass meine Schülerinnen und Schüler Bruchvorstellungen entwickeln konnten und dass das Portfolio eine geeignete Methode ist, um Bruchvorstellungen zu entwickeln. Damit denke ich, eine gute Grundlage für das Rechnen mit Brüchen in der folgenden Jahrgangsstufe 6 gelegt zu haben.

Quellen

Literatur

- Bartnitzky, Jens; Freitag, Heike u.a.: Handreichung Mein Lernordner, Portfolio für die Grundschule, Braunschweig 2006
- Bauer, Ludwig: Wie übt man Bruchrechnen?, in: lernchancen 61/62, 2008
- Bohl, Thorsten: Prüfen und Bewerten im Offenen Unterricht, Weinheim und Basel 2004
- Bruner, Jerome: The process of education, Harvard 1960
- Brunner, Ilse; Häcker, Thomas; Winter, Felix (Hrsg.): Das Handbuch Portfolioarbeit. Konzepte, Anregungen, Erfahrungen aus Schule und Lehrerbildung, Velber 2006
- Endres, Wolfgang (Hrsg.): Das Portfolio in der Unterrichtspraxis. Präsentations-, Lernweg- und Bewerbungsportfolio, Weinheim und Basel 2008
- Feuser, Matthias: Lernwege und Lernerfolge dokumentieren, in: E& W Niedersachsen,6-7/2005
- Fördermaterialien Mathematik 5/6, o.A., Berlin 2010
- Franke, Marianne: Didaktik der Geometrie, Heidelberg, Berlin 2000
- Gage, N.L. & Berliner, D.C., Pädagogische Psychologie, Weinheim und München 1994
- Gubler-Beck, Annemarie: Portfolios im Mathematikunterricht, in: Beiträge zum Mathematik-unterricht, Hildesheim und Berlin 2005
- Häcker, Thomas: Vielfalt der Portfoliobegriffe, in: Brunner, Ilse; Häcker, Thomas; Winter, Felix (Hrsg.): Das Handbuch Portfolioarbeit. Konzepte, Anregungen, Erfahrungen aus Schule undLehr-erbildung, Velber 2006
- Hefendehl-Hebeker, Lisa: Brüche haben viele Gesichter, in: mathematik lehren Heft 78
- Kultusministerkonferenz: Bildungsstandards im Fach Mathematik für den Mittleren Schulabschluss, Beschluss vom 4.12.2003
- Klippert, Heinz: Methoden-Training, Weinheim und Basel 2007
- Malle, Günther: Grundvorstellungen zu Bruchzahlen, in: mathematik lehren Heft 123
- Maras, Rainer u.a.: Handbuch für die Unterrichtsgestaltung in der Grundschule, Donauwörth 2008
- Padberg, Friedhelm: Didaktik der Bruchrechnung für Lehrerausbildung und Lehrerfortbildung, Heidelberg 2009
- Rahmenlehrplan Grundschule Mathematik, Berlin 2004
- Renkl, Alexander: Lehren und Lernen, in: Tippelt, Rudolf; Schmidt, Bernhardt (Hrsg.): Handbuch Bildungsforschung, Wiesbaden 2010
- Schmidinger, Elfriede: Das Portfoliokonzept im Unterricht. Eine Einführung in den Themen-schwerpunkt, in: Erziehung und Unterricht, 5-6/2007
- Schult, Petra: Skript zum Fachseminar Mathematik, 3. SPS Treptow-Köpenick 2011
- Vierlinger, Rupert: Plädoyer für die Abschaffung der Ziffernnoten; in: erziehung heute, Heft 3, 1998
- Werner, Gunther: Faire Noten mit Portfolioarbeit, Lichtenau 2006
- Winter, Felix: Perspektiven der Portfolioarbeit für die Gestaltung des schulischen Lernens. In: Biermann, Christine, Volkwein, Karin (Hrsg.): Portfolio-Perspektiven. Schule und Unterricht mit Portfolios gestalten, Weinheim und Basel 2010

Internetseiten

- Inglin, Oswald auf www.portfolio-schule.de, Abruf am 18.4.2011
- „Anschauliche Vorerfahrungen zum Bruchzahlbegriff und zu einfachen Rechenoperationen mit Brüchen in Modellierungskontexten“, www.bruchrechenunterricht.de, Abruf am 22.4.2011